关爱危难中的动物

GUANAIWEINAN ZHONGDEDONGWU

吴波◎编著

集知识、故事、欣赏于一体！
生物爱好者必备！

完全典藏版
探索生物密码

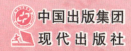

图书在版编目（CIP）数据

关爱危难中的动物 / 吴波编著 . —北京：现代出版社，2013.1（2024.12重印）

（探索生物密码）

ISBN 978－7－5143－1026－9

Ⅰ.①关… Ⅱ.①吴… Ⅲ.①濒危动物－青年读物 ②濒危动物－少年读物 Ⅳ.①Q958.1－49

中国版本图书馆 CIP 数据核字（2012）第 292926 号

关爱危难中的动物

编　　著	吴　波
责任编辑	刘　刚
出版发行	现代出版社
地　　址	北京市朝阳区安外安华里 504 号
邮政编码	100011
电　　话	010－64267325　010－64245264（兼传真）
网　　址	www.xdcbs.com
电子信箱	xiandai@cnpitc.com.cn
印　　刷	唐山富达印务有限公司
开　　本	710mm×1000mm　1/16
印　　张	12
版　　次	2013 年 1 月第 1 版　2024 年 12 月第 4 次印刷
书　　号	ISBN 978－7－5143－1026－9
定　　价	57.00 元

版权所有，翻印必究；未经许可，不得转载

前 言

随着工业化的进程，人类和动物的生存环境正在逐步恶化，这直接导致了许多物种从我们生存的地球上消失。它们是不可再生的，永远地从人们的视野中消失了。

以前，狂妄自大的人类认为，地球上的物种何其多，少了一两种，我们的家园也不会有丝毫损失。但是，随着科学家们的研究发现，全世界每天有75个物种灭绝，每小时就有3个物种从地球上消失。这个速度是多么惊人！也许有一天你会发现，你常去动物园看的老虎再也不见了踪影，因为老虎这个珍稀动物已经在地球上绝迹了。而且，物种灭绝的速度还在加快。由于全球气候变暖，在未来的50年中，地球陆地上1/4的动物和植物将遭到灭顶之灾。科学家们甚至还预言，在2050年时，地球上将有100万个物种灭绝。100万个物种灭绝，这是多么惊人的数据！希望我们人类能及时醒悟，去帮助那些濒危的动物们，至少不要伤害那些珍惜的动植物。

在本书中，我们详细地介绍了上百种濒临灭绝的动物，目的就是让大家了解它们、爱护它们，保护它们，增加人们对它们的了解，就是保护它们的开始。希望通过阅读本书，大家能为保护濒危动物出一份力，为保护地球的生物多样性尽一份责。这不仅仅是在帮助动物们，更是在帮助我们自己，因为我们也是这个地球的一份子。

目 录

走向绝境的动物们

叫人惊心动魄的种族灭绝 …………………………………… 1
是什么把它们逼上了绝路 …………………………………… 4
努力拯救濒临灭绝的生灵 …………………………………… 10

濒临灭绝的飞禽

朱　鹮 ………………………………………………………… 13
黑　鹳 ………………………………………………………… 15
褐马鸡 ………………………………………………………… 16
丹顶鹤 ………………………………………………………… 19
莱岛鸭 ………………………………………………………… 22
黑颈鹤 ………………………………………………………… 24
美洲鹤 ………………………………………………………… 26
钩嘴鸢 ………………………………………………………… 29
食猿雕 ………………………………………………………… 31
南亚鸨 ………………………………………………………… 33
黑脸琵鹭 ……………………………………………………… 35
黄腹角雉 ……………………………………………………… 37
绿尾虹雉 ……………………………………………………… 39

白翅栖鸭 ………………………………… 41
夏威夷鸭 ………………………………… 43
东方白鹳 ………………………………… 45
黄嘴白鹭 ………………………………… 46
细嘴杓鹬 ………………………………… 48
极北杓鹬 ………………………………… 50
虎头海雕 ………………………………… 52
加州神鹫 ………………………………… 54
金肩鹦鹉 ………………………………… 57
白冠长尾雉 ……………………………… 59

两栖动物的哀鸣

大　鲵 …………………………………… 61
蠵　龟 …………………………………… 64
玳　瑁 …………………………………… 65
革　龟 …………………………………… 67
钝口螈 …………………………………… 69
锯缘龟 …………………………………… 71
大头龟 …………………………………… 73
扬子鳄 …………………………………… 74
蓝岩鬣蜥 ………………………………… 76
科摩多巨蜥 ……………………………… 77
金头闭壳龟 ……………………………… 79
三线闭壳龟 ……………………………… 81
周氏闭壳龟 ……………………………… 83
巴拿马金蛙 ……………………………… 85

走投无路的陆地动物

虎 ………………………………………… 87
麋　鹿 …………………………………… 91

目录

僧海豹 ·········· 93
袋　狸 ·········· 96
大熊猫 ·········· 97
黄头狨 ·········· 99
金狮狨 ·········· 100
猴 ·········· 102
狒　狒 ·········· 112
长臂猿 ·········· 114
猩　猩 ·········· 117
大犰狳 ·········· 120
兔 ·········· 122
红　狼 ·········· 124
小熊猫 ·········· 126
海　獭 ·········· 128
獭狸猫 ·········· 130
雪　豹 ·········· 131
山　貘 ·········· 133
犀 ·········· 135
野　牛 ·········· 139
水　牛 ·········· 141
羚 ·········· 143
长吻针鼹 ·········· 148
海地沟齿鼩 ·········· 150
亚洲象 ·········· 151
三趾树懒 ·········· 153

水生动物的绝唱

鳇 ·········· 156
儒　艮 ·········· 158
江　豚 ·········· 159
鲸 ·········· 161

鲫　鱼……………………………………………… 166
史氏鲟……………………………………………… 168
中华鲟……………………………………………… 169
花鳗鲡……………………………………………… 171
文昌鱼……………………………………………… 173
白鳍豚……………………………………………… 175
湄公河大鲇………………………………………… 177
大眼卷口鱼………………………………………… 178
克氏海马…………………………………………… 180
北方蓝鳍金枪鱼…………………………………… 182

走向绝境的动物们

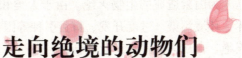

> 珍稀的野生动物们,正遭受着一场屠戮种族的无妄之灾。原本,它们可以好好地生活在这个世界上的,正是因为人类的贪婪和无知把它们推进了地狱之门。
>
> 现在,这些珍稀的动物们正挣扎在死亡线上,说不定哪一天它们就从这个生活了几千年甚至几万年的地球上彻底消失了……

叫人惊心动魄的种族灭绝

地球上自35亿年前出现生命以来,已有5亿种生物生存过,如今绝大多数种类已经灭绝,只有大约1 000万~3 000万的物种还生存着,而其中只有约210万种被命名、被研究或被简单地描述过;为人类所利用的生物资源则更少。

事实上,科学家在对地球上的物种编目和命名以前,许多种类就可能已经绝迹了,像无齿海牛在被发现27年后就无影无踪了。有一位科学家说,热带地区10~20个物种中只有1种被科学家认识;要为地球上所有物种编目需花去25 000位专家的毕生精力。

生物灭绝的因素一般有两种,一种为自然因素,一种是人为因素。

自然因素是指完全没有人类参与的自然环境变化引起的生物灭绝。如人类未出现之前的生物灭绝事件就是自然因素造成的。像这样的生物灭绝地球上反复发生过。从5亿年前(古生代寒武纪末期)算起就发生过13次,其中以

4.25亿年前（奥陶纪末期）、3.6亿年前（泥盆纪末期）、2.45亿年前、2.5亿年前（三叠纪末期）、6500万年前（白垩纪末期）的灭绝规模特别大，它们被称为生物史上的"五次大灭绝"。

最可怕的是人为因素造成的生物灭绝。由于人类和自然事物的蛮横干涉，在生态环境破坏、环境污染、过度开发、盲目引种等因素的综合作用下，野生物种大量走向灭绝。自从人类进入工业社会，目空一切地参与大自然的事务以来，物种的灭绝速度大大加快了。地质时代物种灭绝的速度极为缓慢，鸟类平均300年灭绝一种、兽类平均8 000年灭绝一种；到1600—1700年，每10年灭绝一种动物；1850—1950年，鸟兽的平均灭绝速度为每年一种，即从1850年至今，已有100多种动物灭绝了。而且这种灭绝速度以加速度的趋势进行着。1600年以来，记录在案的动物灭绝资料已经够惊人的了：120种兽类和250种鸟类已不复存在。据联合国环境规划署的报告，目前世界上每天有一种动物灭绝，这种速度是自然界"自然灭绝速度"的一万倍，照此下去，用不了三四十年，地球上的40%的物种就要销声匿迹。

从生物学的角度看，灭绝有以下几种含义：

灭绝是指当今世界任何地方都没有该物种的成员存在，就认定为该物种从地球上永远消失了。根据"世界自然保护联盟"的物种等级标准，灭绝是指过去50年中未在世界任何

恐龙大灭绝

地方找到的物种，如三叶虫、恐龙以及渡渡鸟等。

亚种灭绝。像巴厘虎的1937年灭绝、爪哇虎的1988年灭绝，就是属于亚种灭绝。因为世界上的虎只有一种，巴厘虎和爪哇虎只是它的亚种。类似情况还有狼。1911年纽芬兰白狼灭绝，1920年德克萨斯灰狼的灭绝，1940年的喀斯喀特棕狼的灭绝等也是这种情况。

野生灭绝。野生灭绝是指某物种的个体仅被笼养或在人为控制下存活,野生状态下却找不到它的踪迹,这个物种就称为野生灭绝。如麋鹿自古在华夏大地广有分布,北京南苑即是麋鹿这个物种1865年的科学命名地,由于水灾和战祸,又为1900年最后一群麋鹿的消失地,但毕竟还有18只保存在英国乌邦寺公园,香火未断,所以它们属于野生灭绝。类似事例还有普氏野马。

台湾云豹

生态灭绝。由于一些野生动物种群过小,数量太少,遗传多样性丧失,被专家称为"活着的死物种",它们不仅对生态环境影响甚微,而且自身都难以生存,例如屈指可数的华南虎,即便放虎归山,对其他种群和成员的影响也是微不足道的,这种情形被称为"生态灭绝"。

局部灭绝。1972年的台湾云豹的灭绝,就属于局部灭绝。因为我国大陆及东南亚许多国家和地区仍有云豹,可台湾岛上的云豹却再也见不到它的踪影了。这就是局部灭绝。

知识点

物 种

物种,简称"种",是生物分类学研究的基本单元与核心。它是一群可以交配并繁衍后代的个体,但与其他生物却不能交配,不能性交或交配后产生的杂种不能再繁衍。有科学家在1982年对物种进行了重新定义,认为,物种是由居群组成的生殖单元和其他单元在生殖上是隔离的,在自然界占据一定的生态位。

> 延伸阅读

世界上每小时灭绝3个物种

英国生态学和水文学研究中心的杰里米·托马斯领导的一支科研团队在最近出版的《科学》杂志上发表的英国野生动物调查报告称，在过去40年中，英国本土的鸟类种类减少了54%，本土的野生植物种类减少了28%，而本土蝴蝶的种类更是惊人地减少了71%。一直被认为种类和数量众多，有很强恢复能力的昆虫也开始面临灭绝的命运。

科学家们据此推断，地球正面临第六次生物大灭绝。中国科学院动物研究所首席研究员、中国濒危物种科学委员会常务副主任蒋志刚博士也认为，从自然保护生物学的角度来说，自工业革命开始，地球就已经进入了第六次物种大灭绝时期。

据统计，全世界每天有75个物种灭绝，每小时有3个物种灭绝。

把调查到的英国蝴蝶情况推及英国其他昆虫，及整个地球上的无脊椎动物，那我们显然正在遭遇一场严重的生物多样性危机。

物种是指个体间能相互交配而产生可育后代的自然群体。已经灭绝的物种是指在过去的50年里在野外没有被肯定地发现的物种。"大灭绝不单是一个物种灭绝，而是很多物种在相对比较短的地质历史时期，即几十万年，或者是几百万年里灭绝了。"托马斯说，"昆虫物种量占全球物种量的50%以上，因此它们的大规模灭绝对地球生物多样性来说是个噩耗。"自工业革命以来，地球上已有冰岛大海雀、北美旅鸽、南非斑驴、印尼巴厘虎、澳洲袋狼、直隶猕猴、高鼻羚羊、普氏野马、台湾云豹等物种不复存在。世界自然保护联盟发布的《受威胁物种红色名录》表明，目前，世界上还有1/4的哺乳动物、1 200多种鸟类以及3万多种植物面临灭绝的危险。

是什么把它们逼上了绝路

1999年10月12日凌晨零点2分，一名3.6千克重的男婴在波黑首都萨拉热窝的科索沃医院降生。这名男婴有着由联合国指定的特殊的身份。他是地球上的第 60 亿位居民。

一、人口爆炸，剥夺了其他物种的栖息地、食物和能源

自有人类以来，经过至少一万年左右，到 1830 年前后，人口数量才达到 10 亿，而又增加 10 亿只用了不到 100 年（1925 年），此后，这个"雪球"愈滚愈快：第三个 10 亿只用了 30 年，第四个 10 亿只用了 15 年，第五个 10 亿只用了 12 年。世纪老人还没有交班，人口已达到 60 个亿。

人类是所有物种中最为特殊的，只有人类可通过劳动改造自然、改造社会，而其他物种都是被动地适应自然。人类能在短时间内把山头削平，令河流改道，几年之内建成一个大都市，百年之内可以使全球森林削去一半，几十年之内可以烧掉自然界百万年形成的煤，用尽自然界几百万年形成的矿产资源。这些毁灭性的干预导致的环境变化，使许多物种失去了相依为命、赖以为生的家——生态环境，沦落到灭绝的境地，而且这种事态仍在持续着。

二、盲目引种，以一些物种杀害另一些物种

人类为了生存，进行农业生产，引种驯化了农作物，使大片土地只生长几十种植物，植物的生物多样性受到极大的损害；动物的生物多样性也同样受到养殖业的巨大冲击。人类还随心所欲地引进大量的动植物来满足物质和精神生活的需要，这就更严重地威胁着其他物种的生存权。这实质上就是用引进物种来杀害其他物种。南太平洋的穆尔岛的一种蜗牛的引入，致使当地六种蜗牛几乎全部消失。由北美引进到欧洲的赤鸭，几乎消灭了欧洲的白头鸭。人类这样做，受伤害最大的是我们邻居——脊椎动物。人类盲目

猫

引种对濒危、稀有脊椎动物的威胁程度达19%，对岛屿物种则是致命的。

公元400年，波利尼西亚人进入夏威夷，带来了猪、犬、鼠，使该地半数的鸟类（达44种）灭绝了。1598年荷兰人把毛里求斯作为航海的中转站，同时带来了猪和猴子，造成了19种本地鸟类和8种爬行动物灭绝。特别是渡渡鸟。更有甚者，一只动物竟然灭绝了新西兰斯蒂芬岛的特有种类——异鹟，只因灯塔看守人带去的一只猫。灯塔看守人耐不住寂寞，带去一只怀孕的猫为伴。猫的数量不断增加，最终导致了异鹟的灭绝。

三、人类举起屠刀，大肆杀戮

犀牛属于珍稀动物。据统计21世纪初的犀牛数量为两三千头，栖息在亚洲和非洲大陆，总共有5个亚种（变种）。其中黑犀牛和白犀牛分布在包括南非、纳米比亚、索马里、坦桑尼亚、莫桑比克等国在内的西部和南部非洲，印度犀牛、爪哇犀牛和苏门答腊犀牛则分布在印度、尼泊尔、越南以及爪哇岛和苏门答腊岛。犀牛已在地球上生存了200万年，它性格温和，以食草为生，生命力极旺盛，适应性强。可是它的数量却由1970年的65 000头，降到1990年的3 000头。这显然与犀牛种的特性无关，问题出在它头上那对犀牛角上，那是遭致人类大量捕杀的根源。而犀牛角到底有多大用途呢？据说，可以医治蛇伤，可使孕妇顺利分娩，还可以刺激性欲。在20世纪80年代末，1千克粉末状的犀牛粉卖3万美元。但科学实验证明，犀牛角的成分与头发和指甲的成分相同，根本没有上述的功效。可以说是人类的无知使犀牛陷于灭绝的境地。

野马的命运同样悲惨。野马又名蒙古野马、普氏野马。它们栖息在草原、丘陵及沙漠地带，原分布于阿尔泰山以南、我国新疆准噶尔盆地、玛纳斯河流域向东北至蒙古科布多盆地。野马体型不大，但比较粗壮，与家马的主要区别是：头部比例较大，耳朵小，颈上的短鬃竖立，像一支巨大的毛刷子，额上秃裸，无额毛，吻部为白色。野马群居而生，结成1~20匹的群体一起游弋生活，并由一匹身体健壮的公马率领。野马性情凶野，难以驯化。野马虽然有极其顽强的生命力，但它们最终没有逃脱灭绝的厄运。1881年，欧洲人发现了野马，自此野马遭到了无情的捕捉和捕杀。欧洲人把捕杀的大部分野马运到欧洲，使当时市场上野马肉非常走俏。他们把活的野马送到各地动物园展出，可由于野马性情刚烈，有的被捉到之后不吃不喝，最终被渴死、饿死；有的被活活打死，残留下的几匹也在以后的十几年中陆续死去。这样，到1901年，短短的 20 年间，成千上万匹野马惨死在屠刀下或动物园中，其种群遭到毁灭性打击。再加上人类生活区域不断扩展，野马失去了往日的家园，它们在杀戮与失去家园的悲愤中走向灭绝。

藏羚羊的灾难却是因为人类的时尚消费带来的。藏羚羊分布在海拔 4 500 米以上的青海羌塘高原，是国家一级保护动物。藏羚羊绒毛制成的披肩已成为西方上层社会妇女所钟爱的饰物：虽然在 1979 年它被列入"国际野生濒危动植物贸易公约"严禁贸易名录，但从 20 世纪 80 年代中期开始，藏羚羊绒制品在国际市场却十分走红。1996 年，在伦敦一条藏羚绒披肩售价可达 3 500 英镑。欧洲市场上的高价又使从中国非法出口到印度进行加工的藏羚绒原料价

藏羚羊

格随之上涨。从事倒卖藏羚绒的商人们编造神话，声称藏羚羊在每年两次换毛时，在石头和灌木丛上蹭掉它们的绒，风把这些绒吹成团，由牧民门从草原上一点一点捡来。事实上，这些绒都是在盗猎者屠杀的藏羚羊皮上剃取的，且每只羊身上只能取绒 125～150 克。按照在印度加工的藏羚绒的数量估算，相当于每年有 2 万只以上的藏羚羊被猎杀取绒。如果以这样的规模进行盗猎，20 年内藏羚羊将有可能灭绝。为了牟取暴利，不法分子仍然想方设法捕猎藏羚羊。藏羚羊的绒冬天质量特别好，所以冬天及其藏羚羊产羔期，也是盗猎分子疯狂捕杀的时期。许多失去母亲的羊羔因此而活活饿死。藏羚羊这种悲惨的处境，完全是因致命的"时尚"造成的。

人类毫无顾忌地杀害自己的近邻。在濒临灭绝的脊椎动物中，有 37% 的物种是因为对其杀戮而受到生存威胁。上述血淋淋的事例，不胜枚举。许多野生动物因为"毛可用，肉可食，皮可穿，器官入药"而遭灭顶之灾。象牙、麝香、虎皮、熊胆、蛇毒、鸟羽、海龟蛋、海豹油、兔毛……更多的动物，无不成为人类待价而沽的商品，"万类霜天竞自由"的大千世界，竟然成了巨大的屠宰场。

四、人类污染环境，毒杀其他物种，甚至毒杀人类自己

自第二次工业革命以来，人类变本加厉地污染地球，废弃物抛向大地，天上飘着一股股黑烟与黄烟，一条条河流，一汪汪湖泊变成了"污江"与"黑龙潭"。除草剂、杀虫剂和化肥的普遍施用，贻害着家园的每一个角落。

据统计，全世界1988年平均每人消耗的能源相当于2.2吨煤或12桶汽油；全世界每年工业废气排放达 1×10^8 吨二氧化硫和相同数量氮的氧化物，形成了酸雨灾害。从20世纪30年代到70年代，全球发生了八大公害事件：比利时的马斯河谷烟雾事件、美国的多诺拉烟雾事件、洛杉矶光化学烟雾事件、英国的伦敦烟雾事件、日本的水俣事件、四日市事件、米糠油事件和富山事件，人类尚有数万人丧生，更不用说，比人类脆弱得多的动植物。最可怕的还是核污染，日本长岛的原子弹爆炸，使这块土地上萧条了几十年，无数的生命在这一爆炸声中消失。废渣、废石覆盖了绿草青青的谷地，苏联每年采矿产生 85×10^8 吨尾砂，热力工程排放 0.7×10^8 吨煤灰。

杀虫剂

杀虫剂在当时确实帮了人类的大忙。因为它可以快速、有效地控制病虫害，使农作物产量有较大的提高。但它实际上是"魔鬼"。它给人类一点暂时的恩惠——农作物高产和避免害虫叮咬，却将灾难不知不觉地留给人类和他的朋友。杀虫剂和除草剂直接杀害大量的动植物，给生物多样性带来了极大的危害，将污染永久地留在人类及其朋友所生存的环境中。滴滴涕使秃鹰遭受毒害，青蛙和鸟儿夭折在"襁褓"之中，鱼儿在水里"无故"丧生。

环境污染不仅毒杀了动物们的生命，也在毒杀人类自己。科学研究表明，很多污染物是致癌和致畸物质。大多数污染物对人体健康有直接影响。如台湾沿海地区皮肤癌的高发可能是饮水中砷过高。由此可见，如果我们不重视环境污染的治理，人类将重蹈恐龙灭绝的覆辙。

渡渡鸟

渡渡鸟，亦作嘟嘟鸟，又称毛里求斯渡渡鸟、愚鸠、孤鸽，是仅产于印度洋毛里求斯岛上一种不会飞的鸟。

渡渡鸟重达23千克左右（约50磅）。体羽蓝灰色、头大。嘴长23厘米（9寸），淡黑色，具淡红色鞘形成钩尖。因为翅膀小，所以不能飞。脚强壮、黄色，脚后端高处有一束弯曲的羽毛。留尼旺孤鸽可能是渡渡鸟的白化变种。罗德里格斯孤鸽淡褐色，体较高较细，头较小，嘴短而无厚钩尖，翼上有隆突。现于牛津大学保存一个渡渡鸟的头和脚，大英博物馆只保存一只脚，哥本哈根保存着一个头。

这种鸟在被人类发现后仅仅200年的时间里，便由于人类的捕杀和人类活动的影响彻底绝灭，堪称是除恐龙之外最著名的已灭绝动物之一。

延伸阅读

物种灭绝的补救措施

"要使地球的生物多样性保持一种平衡状态，适应人类的发展，这个任务是非常艰巨的，人类本身面临一个非常重要的问题，那就是控制人类自身人口的增长，同时进行有效有序合理的生产方式。"要想把物种灭绝的速率控制到一定范围内，必须要充分意识到，过往的生产方式尽管能够提高生产效率，但是对人类的可持续发展会造成很严重的后果。

"我们现在的地球鸟语花香，这和过去的环境是截然不同的，生命在进化过程中不断改造着地球表面，地球环境现在呈现的多样性，是经历了无数灾变以后不断演化的结果。"因此，不仅是科学家，所有人都应该了解地球环境演变的历史和生物多样性的发展过程，从中得到有益的启示。

转变生产方式或许是拯救地球最重要的方法，建设一种资源发展和经济发展保持双赢的生产方式才是当务之急。

努力拯救濒临灭绝的生灵

物种灭绝作为地球上生物进化史的一种自然现象，本是个正常事件，如 3.5 亿年前笔石的灭绝，2.5 亿年前的三叶虫从地球上消失，1.8 亿年前的种子蕨、6 500 万年前的恐龙以及 3 万年前的尼安德特人的灰飞烟灭，都是自然现象。但如果人类再这样肆无忌惮地毁坏自然，扼杀生命，那么人类将要面临一场由自己造成的灭亡大灾难。三叶虫、笔石、种子蕨与恐龙在地球上至少生活了 1 亿多年，有的甚至几亿年，而人类才有几百万年的历史，现代人只有一万年的历史。

自然界的芸芸众生历经了几十亿年的演变、进化，各得其所、各司其职，在生物圈的能量流动、物质循环、信息传递过程中都发挥着不同的作用，扮演着各自的角色。任何一个物种的非正常灭绝，对人类来说，都是无可挽回的损失。一个物种的消失，至少意味着一座复杂的、独特的基因库的毁灭，意味着我们的子孙又少了一份可供选用的生物资源。一个物种的存亡，同时还影响着与之相关的多个物种的消长。

早在 18 世纪中期，达尔文就提出了著名的生命之网的论点。他认为，乍看上去，猫与三叶草并无关系，实际上并不然。三叶草的繁殖需要熊蜂起虫媒传粉作用，而熊蜂窝又经常受田鼠破坏，田鼠的天敌又是猫。因此在一个区域内，猫多，则鼠少，鼠少则蜂多，蜂多可促使三叶草繁盛。若猫少，则结果完全相反。现代的研究结果也表明，每消灭一种植物，就会有 10～30 种依附于它的其他植物、昆虫及高等动物随之失去依靠，也先后走向覆

三叶草

灭之路。

  17世纪毛里求斯渡渡鸟被杀绝后不久，该岛的大栌榄树也渐渐消失，因为这种乔木的种子必须经过渡渡鸟的消化道才能发芽生长。20世纪初发生在美国森林中的灭狼事件，却把灾难带给了刻意保护的鹿。人们本意是为了保护森林中的鹿不被凶残的狼所捕捉，他们的好心使鹿因为没有狼的"捕捉"而失去生存竞争力，最终被自然所淘汰。

  世界上大约有5 200多种动物物种处于灭绝的边缘，占已知兽类的约25%，鸟类的约10%，两栖类的约20%，爬行类的约25%。物种的不断减少最终使人类越来越孤独。现实告诫我们，要多关心其他的物种。这不仅是出于科学研究和经济价值的需要，而且也是伦理之必需。毕竟，人类是这个世界的"万物之灵"，但我们并非地球的"独苗"，我们只有保护它们的义务，而没有随意处置其他物种命运的权利，因为它们和我们同在一个地球。

  1973年在华盛顿起草了《濒危野生动植物物种国际贸易公约》，禁止国际间的野生濒危物种的非法贸易，使人类对生物的杀戮有了一些收敛。国际自然和自然资源保护联盟（现为世界自然保护联盟）的成立，标志着人类已经开始重视野生资源的保护，它的工作将极大地推进生物物种的保护。《世界自然保护大纲》的发布，给人类的野生资源的保护指明了方向。《生物多样性公约》更是野生动植物的一把庇护伞。除此之外，很多国家还制定了自然资源保护的法律，划定了野生动植物保护区。人类也正致力于环境污染的治理。很多国家花巨资治理环境污染，相信不久的将来，野生生物将会有一个干净祥和的生存环境。

知识点

贸易

  贸易，是自愿的货品或服务交换。贸易也被称为商业。贸易是在一个市里面进行的。最原始的贸易形式是以物易物，即直接交换货品或服务。现代的贸易则普遍以一种媒介作讨价还价，如金钱。金钱及非实体金钱大大简化和促进了贸易。两个贸易者之间的贸易称为双边贸易，多于两个贸易者的则称为多边贸易。贸易出现的原因众多。由于劳动力的专门化，个体只会从事一个小范畴的工作，所以他们必须以贸易来获取生活的日用品。两个地区之间的贸易往往是因为一地在生产某产品上有相对优势，如有较佳的技术、较易获取原材料等。

▶▶▶ 延伸阅读

欧洲地区物种告急

　　欧洲是自然环境受全球气候变化影响最小的地区。该地区的动植物生存几率要大于世界其大地区的动植物。但即便如此，在气候变暖的影响下，欧洲地区1/4的鸟类和11%～17%的植物也将在未来逐渐灭绝。在墨西哥的研究表明，平原和干旱地区的动植物受气候变暖影响最大。一旦气候有一丝的变化，这些动植物就需要迁移至很远的地区才能找到适宜生存的新环境。在该地区接受研究的1 870种动植物种，1/3将在未来出现生存危机。

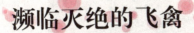

濒临灭绝的飞禽

有科学家研究表明，飞禽是最不易在地球上消失的物种，但是，大批大批的珍稀飞禽还是离我们而去了，这不禁叫人们扼腕叹息。

鸟类对生活环境的要求比较高，为了找到适合自己生存的地方，往往要经过远距离长途飞行，而且适合鸟类生存的森林正大片大片地消失，这些因素聚在一起，加速了珍稀鸟类的灭亡，面对它们的结果只有死路。

朱 鹮

朱鹮又名朱鹭，是世界上最珍稀和现存数量最少的鸟类之一。朱鹮仅产于亚洲，所以有"东方明珠"和"东方宝石"之称。

朱鹮属鹳形目，鹮亚科，体长为70～80厘米，体重1 400～1 900克。朱鹮的形态十分俏丽。它身披雪白的羽衣，羽干、羽茎和飞羽上点缀着粉红色。朱鹮的初级飞羽呈淡红色，鲜艳夺目如同晚霞，又如早春的桃花；朱鹮的头部后方有一撮向后披拂的柳叶状羽毛，如同少女的披肩发；橘红色的面部又如同抹了胭脂的少女；一根长而稍弯曲的黑喙，如同一把短刀；橘红色的两脚挺拔健美，俊俏喜人。被誉为"吉祥鸟"。

19世纪我国有11个分布点区，日本、朝鲜和俄罗斯南部亦曾有分布。到了20世纪中叶，由于朱鹮栖息的生态环境遭到破坏，再加上乱捕滥猎，其数量急剧减少。到20世纪六七十年代，朱鹮在我国曾一度失踪。我国鸟类工作

朱䴉

者进行了多年追踪考察,于1981年,终于在陕西省洋县发现了朱䴉的自然种群(仅七只),引起全世界的极大震惊和关注,国际社会把拯救这一濒危物种的希望寄托于中国。

朱䴉的生活习性是在高树上营巢,从水田取食,常栖于河流、堰塘及稻田边的高大树木上。朱䴉的天敌很多,乌鸦、猛禽、青鼬等经常与之争巢,再加上近年来森林遭人为乱砍滥伐破坏严重,农田施放农药过多造成水体污染,恶化了朱䴉的生存环境,使朱䴉的栖息繁殖受到严重威胁。我国已把朱䴉列为国家一级保护动物,并在陕西秦岭南麓划定了总面积达4 000多公顷的朱䴉自然保护区。经过多年的努力,我国的朱䴉群体得到了恢复和发展:据统计,1984年5月世界上仅存21只朱䴉,除三只为日本人工饲养、一只在北京动物园饲养外,17只均生活在秦岭南麓的陕西洋县等地,到1998年底,全世界只有137只朱䴉,而我国的朱䴉种群存量已达到136只。这是世界上唯一自然繁殖的朱䴉种群。

知识点

自然保护区

自然保护区是一个泛称,实际上,由于建立的目的、要求和本身所具备的条件不同,而有多种类型。按照保护的主要对象来划分,自然保护区可以分为生态系统类型保护区、生物物种保护区和自然遗迹保护区3类;按照保护区的性质来划分,自然保护区可以分为科研保护区、国家公园(即风景名胜区)、管理区和资源管理保护区4类。不管保护区的类型如何,其总体要求是以保护为主,在不影响保护的前提下,把科学研究、教育、生产和旅游等活动有机地结合起来,使它的生态、社会和经济效益都得到充分展示。

朱鹮的生长繁殖情况

朱鹮一般是一边孵卵育雏，一边扩大加固窝巢。它5月产卵，每次产卵2~4枚，雄、雌朱鹮轮流孵卵。大约一个月，雏鸟破壳而出，仍由父母轮班照看，共同喂养。小朱鹮1个月后羽翼逐渐丰满，开始学习飞行技术，不久就能独自外出寻找食物。朱鹮栖息于海拔1 200~1 400米的疏林地带。在附近的溪流、沼泽及稻田内涉水，觅食小鱼、蟹、蛙、螺等水生动物，兼食昆虫。在高大的树木上休息及夜宿。留鸟，秋、冬季成小群向低山及平原作小范围游荡。4~5月份开始筑巢，每年繁殖一窝，每窝产卵2~4枚，卵呈淡青色具褐色细斑。

黑　鹳

黑鹳为一种具有优美体态，动作敏捷的大型涉禽。体长为100~120厘米，体重2 000~3 000克。黑鹳属鹳形目、鹳科、鹳属。

黑鹳全身羽毛呈黑褐色，并伴有金属紫绿色光，颏、喉至上胸为黑褐色，下体腹部纯白色。虹膜一般呈褐色或黑色，嘴、围眼裸区、腿及脚基本呈朱红色。幼黑鹳的头、颈及上胸呈褐色，颈及上胸羽端棕褐色，呈点斑状，翼羽及尾微缀以淡棕色，胸腹中央微沾棕色，嘴及脚为褐灰色。

黑鹳分布于我国大部分地区，以及欧洲、亚洲和非洲的广大地区。栖息于各种水域。以鱼类为食，也吃蛙类、软体动物、甲壳类，以及少量蝼蛄、蟋蟀等昆虫。

营巢于森林、荒原和荒山等环境中。每窝产2~4枚。孵化期为31~38天。

黑鹳在我国各地都很少见，只有新疆南部最近发现了数量较大的群体，估计该种在我国仅有1 000只左右。在我国《国家重点保护野生动物名录》中被列为一级保护动物；在《中国濒危动物红皮书·鸟类》中被列为濒危种。

知识点

蝼蛄

蝼蛄，昆虫，土栖。触角短于体长，前足开掘式，缺产卵器。本科昆虫通称蝼蛄。俗名拉拉蛄、土狗。全世界已知约50种。中国已知4种：华北蝼蛄、非洲蝼蛄（应该是东方蝼蛄，发生遍及全国，一般在长江以南东方蝼蛄较多）、欧洲蝼蛄和台湾蝼蛄。

延伸阅读

迁徙鸟黑鹳

黑鹳是一种迁徙鸟，但在西班牙大部分留居，仅少数经过直布罗陀海峡到西非越冬；在南非繁殖的种群也不迁徙，仅在繁殖期后向四周扩散，主要做局部的运动。

繁殖在欧洲的种群，几乎全部迁到非洲越冬，其中少数在西欧繁殖的种群主要经直布罗陀海峡到西非。在西欧北区和东欧繁殖的种群主要穿过博斯普鲁斯海峡沿地中海东端迁往非洲越冬；在西亚繁殖的种群主要迁到印度越冬；而在俄罗斯东部和中国繁殖的种群，主要迁到我国长江以南越冬；迁徙时常成10余只至20多只的小群。主要在白天迁徙。

迁徙飞行主要靠两翼鼓动飞翔，有时也利用热气流进行滑翔。迁徙时间秋季在我国主要在9月下旬至10月初开始南迁，春季多在3月初至3月末到达繁殖地；在欧洲秋季多在8月末至10月离开繁殖地迁往越冬地，春季在3-5月到达繁殖地。

褐马鸡

褐马鸡属鸡形目，雉科，俗名"耳鸡""角鸡"，又名黑雉、褐鸡等。

褐马鸡类似家鸡，但形体比家鸡稍大，成鸡高约60厘米，体长1米左右，体重3~5千克，翅膀短，飞行能力差，但两腿粗壮有力，擅于奔跑。褐马鸡的全身大部分披着闪光的褐色羽衣，嘴和脸颊粉红色，像涂了胭脂的姑娘，就连眼睛周围也镶嵌着红色的眼圈。腿和脚趾也是红色的，耳后有一缕雪白的耳羽，超过头顶高高耸立着，形成一对翘起的"羽角"，有些像耳朵，又好似长的角，显示一种刚毅的气质。

褐马鸡的羽毛光艳华美，尾羽前半截白如鹅毛，末端是黑褐色，并泛出紫蓝色金属光泽。褐马鸡最为值得炫耀的是美丽的尾羽。其尾羽共有22枚，成双排列，中间的两对特别长，它向上翘起而后披散垂下，状如马尾，加之它昂首翘尾、威风凛凛的姿态，活像一匹骏马。在森林中，这种鸡比马跑得还快，所以褐鸡中加一"马"字是恰如其分的。

褐马鸡栖于山林之中，每天天刚亮，就有一只褐马鸡发出轻轻的鸣叫，之后就一齐叫起来。其中作为"头鸡"的大雄鸡叫得最响亮，然后率领鸡群到溪边饮水，接着到田间觅食。这时候，"头鸡"便自觉地在高处放哨，只要"头鸡"发现不正常的情况，就会发出"噢——噢"的警报，整个鸡群便马上隐入密林之中。天黑以前，褐马鸡飞到10米高的树上，用树枝把自己隐蔽好。

褐马鸡常从高处向低处滑翔。一般褐马鸡觅食都从山下向山上走，边走边吃，速度很快；到了顶上又分两路朝下滑翔，然后再自下而上觅食，十分有规律。褐马鸡每年除了繁育期外，通常总是成群活动，每群大体上为十多只，最大的群体可达近9百只。

褐马鸡每年繁殖一次，3月下旬分群进入成对配偶和交尾阶段，为独偶制。4月中旬开始产卵，每窝产卵4~17枚，卵呈淡褐色，孵化期约28天。

褐马鸡生性骁勇善斗，当褐马鸡

褐马鸡

遇到天敌时，绝不仓皇逃避，而会奋起拼搏与之决一死战，颇有"拼命三郎"的劲头。所以，从古至今人们都对褐马鸡备加赞赏，被当做英勇善战的象征。汉代以来，褐马鸡的尾羽就被装饰在武将的帽盔上，称为"褐冠"。褐马鸡还被当做一种炫耀门第的象征，而广泛用于历代服饰上。在清代官员的官帽上插有的马鸡翎，就是用来区分官位品级的标志，能被赐予羽翎顶戴是一种殊荣。

褐马鸡肖像还成为世界雉类协会会徽的主体图案。因为在整个地球上仅有几千只褐马鸡，其数量及分布范围很有限，目前仅在山西吕梁山脉和河北省西北部山地有少量分布。因此，褐马鸡已被列入国际自然保护和自然资源联盟的"红皮书"中，成为世界17种"濒危种"和"稀有种"鸟类之一。

褐马鸡是我国一级保护动物，1981年4月已在山西芦芽山、庞泉沟和河北小五台山建立了褐马鸡自然保护区。

保护动物

由于人类的破坏与栖息地的丧失等因素，地球上濒临灭绝生物的比例正在以惊人的速度增长。在工业社会以前，鸟类平均每300年灭绝一种，兽类平均每8 000年灭绝一种。但是自从工业社会以来，地球物种灭绝的速度已经超出自然灭绝率的1 000倍。全世界1/8的植物，1/4的哺乳动物，1/9的鸟类，1/5的爬行动物，1/4两栖动物，1/3鱼类，都濒临灭绝。

褐马鸡传说

褐马鸡是当今世界上的珍禽，国家一级保护动物，它不仅长得美丽，而且还有很多美丽的传说。

相传在远古时代，天庭中有四只非常美丽的鸡禽，它们长着长长马尾状尾翎，两雄两雌，分别被四大天王看管着。每年五月初五是四大天王带鸡聚会的日子。这一天，它们可以尽情地玩耍、嬉戏。但晚上，四天王酒足饭饱之后，要将它们各自的尾翎全部拔掉，互赠给对方。

又到了一年一度的四鸡相会之日，四大天王照例带着它们的宝鸡到东王府聚会去了。快到中午时分，其中一只鸡诡秘地说："听说凡界有山、有水、有森林、有食物，没有天庭中的清规戒律，我们何不到凡界自由自在、欢欢乐乐地生活去？"其余三只鸡随声附和。说走就走，四只鸡禽舒展了一下翅膀，飞下了天界，飞到一片深山老林中。四大天王闻讯后，十分恼怒，急令天兵天将下凡捉拿。四只鸡禽虽使出浑身解数奋力反抗，但终被天兵天将擒住。天兵把八根钢针分别扎在四只鸡的耳后，鲜血流满了面颊。它们痛苦地呻吟着，但它们宁死也不愿再回天庭。众天将见四只鸡禽如此坚强，就燃起了熊熊大火，把四只鸡扔进了烈火之中，率众天兵返回了天庭。

四只鸡被烧得奄奄一息，这时，恰好一位仙医路过此地，发现并救起了它们。在仙医的精心护理下，四只鸡很快便恢复了健康，但华丽的羽毛变成了黑褐色，面颊、腿脚成了深红色，耳后的两根钢针变成了两只美丽奇特的白色犄角，颈上的绳索变成了银色项圈。这就是我们现在看到的褐马鸡的样子。仙医对这四只鸡说："你们只有到那广袤的五台山区才能长期生活下去。"四只鸡感激地痛哭流涕，以至于把眼珠子都哭红了，眼皮也哭肿了。至今褐马鸡的眼周还是裸出的。仙医把一对放在了大五台山，另一对放在了小五台山，也就是我国现在的山西省大五台山区和河北省的小五台山区。从此，四只鸡就分别在这两个地区生活、繁衍、保存了下来，成了当今世界的珍禽，中国的"国宝"。

丹顶鹤

丹顶鹤俗称仙鹤，属涉禽类，是驰名中外的珍禽。其体形高大，直立时约高1.5米，素以"三长"著称，即腿长、脖子长、嘴巴长。丹顶鹤全身洁白如雪，长而弯曲成弓形的双翅盖在身上，翅尖的三级飞羽为黑色，好似穿着美丽的纱裙，颈部有一圈黑环，而裸露的头顶上醒目地显现出一点丹红肉冠，故得名"丹顶鹤"。丹顶鹤的两腿细长挺拔，站立姿势非常优美，成语"鹤立鸡群"就反映出丹顶鹤那种傲视群雄和与众不同的美感。

丹顶鹤主要栖息在芦苇及沼泽地带，夜间多在四周环水的浅滩上露宿，通

丹顶鹤

常以较高的芦苇等水生植物作隐蔽。丹顶鹤同其他候鸟一样,每年10月飞往南方越冬,次年三四月间,春回大地,它们就成群结队从南方迁回北方繁衍后代。丹顶鹤的主要食物为鱼类和乌拉草、三楞草、芦苇等植物的嫩芽,偶尔也啄食小型软体动物和作物种子等。它们还能觅食大量蝗虫,为农除害。丹顶鹤在繁殖期间,每逢清晨或傍晚,雌雄常成对在浅滩畔把头向上直伸,耸立着双翅,发出嘹亮的鸣声,声音可传至1 500米以外。雌雄交配后,筑巢在芦苇丛生的浅滩上。丹顶鹤选巢异常隐蔽,巢形似浅盘状,每窝产1~2个卵,卵重250~270克。产卵后,雄鸟在白天,雌鸟在夜间轮流孵化,孵化期为30~33天。幼鹤成长快,出壳后几天即可在公鹤带领和母鹤的保护下寻找食物。两个月后脱绒羽换体羽,3个月后便能跟随成鹤飞翔。

丹顶鹤是一夫一妻的永久性配偶,寿命长达五六十年,因此,被人们引喻为长寿和幸福的象征。

丹顶鹤不但在我国列为一类保护珍禽,而且在国际上也是珍稀的鹤类,全世界现存数量极少,大概仅有1 200只。为了保护丹顶鹤,我国在黑龙江省的松江平原西部、齐齐哈尔东南部建立了扎龙自然保护区和吉林通榆县向海自然保护区，这些保护区已成为丹顶鹤栖息、繁衍的乐园和科研的重要基地。

沼　泽

沼泽是指地表过湿或有薄层常年或季节性积水，土壤水分几达饱和，生长有喜湿性和喜水性沼生植物的地段。广义的沼泽泛指一切湿地；狭义的沼泽则强调泥炭的大量存在。中国的沼泽主要分布在东北三江平原和青藏高原等地，俄罗斯的西伯利亚地区有大面积的沼泽，欧洲和北美洲北部也有分布。地球上最大的泥炭沼泽区在西伯利亚西部低地，它南北宽800千米，东西长1 800千米，这个沼泽区堆积了地球全部泥炭的40%。

丹顶鹤的文化意义

其实，传说中的仙鹤，就是丹顶鹤，它是生活在沼泽或浅水地带的一种大型涉禽，常被人冠以"湿地之神"的美称。它与生长在高山丘陵中的松树毫无缘分。

东亚地区的居民，用丹顶鹤象征幸福、吉祥、长寿和忠贞。在各国的文学和美术作品中屡有出现，殷商时代的墓葬中，就有鹤的形象出现在雕塑中。春秋战国时期的青铜器，鹤体造型的礼器就已出现。道教中丹顶鹤飘逸的形象已成为长寿、成仙的象征。

目前，中国国家林业局已经把丹顶鹤作为唯一的国鸟候选鸟上报国务院。鹤是栖息于沼泽地的鸟，把它绘在松树上，从科学的观点看，是一个笑话。当然从文化意义上看，则另当别论。

莱岛鸭

莱岛鸭是一种中型游禽，属于鸭科、鸭属。莱岛鸭是夏威夷群岛特有的一种水鸭。仅分布在夏威夷群岛的莱桑岛。

莱岛鸭体长 40 厘米左右，重 450 克左右，雄鸭稍重，一般寿命可达 12 年。莱岛鸭全身都为深褐色，有白色眼环。喙短小、扁平，带有黑色斑点。雄鸭鸭嘴呈深绿色，雌鸭则呈棕橙色。某些雄鸭头及颈部带有些许绿彩虹色，中央尾羽稍向上。雄雌鸭的双翼通常都有紫绿色翼镜，周身布有白色斑纹。老鸭的头及颈部羽毛一般变为白色。莱岛鸭每年都换羽。

莱岛鸭一般栖息在淡水湖畔，有时候夜间成群在江河、湖泊、水库、海湾和沿海滩涂盐场等水域活动。其脚趾间虽然有蹼，但不喜潜水，游泳时尾露出水面，擅长水中捕食。莱岛鸭性喜洁净，常常梳理全身的羽毛。

莱岛鸭的飞行能力颇强，甚至飞至台湾岛或更远的地区，但其较适于陆上行走，因其骨盆构造适于陆地生活。它们一般中午栖息，傍晚、夜间觅食，但也会因食物的供应而作调整。多数成年鸭在白天藏于没水的陆地植被中，特别是在繁殖季节，它们多会躲在草丛及丛林间避免遇到猛禽。它们通常会沿淤泥滩将喙贴近地面来吃苍蝇群，也经常钻入浅湖中，在高地丛林中觅食。它们一般以植物性食物为主，亦食无脊椎动物、甲壳动物等。一般幼鸭都活动在低盐度水域。

莱岛鸭

莱岛鸭的繁殖期自春季延伸至秋季，一般在4~8月间。莱岛鸭的交配通常发生在陆地或水上。筑巢工作通常由雌鸭负责，在茂密的植被下选址。巢一般呈碗状，由叶草和羽毛筑就。莱岛鸭一次产卵4枚，孵化期为40~60天。孵化后一天，雏鸭便可在雌鸭的指导下觅食。

约在1 000~1 600年前，波利尼西亚人及外来的哺乳类掠食者到了夏威夷群岛，莱岛鸭由此衰落。因为没有任何对哺乳类捕食者的抵抗能力，1860年时，莱岛鸭几乎在所有的岛屿上消失。莱岛鸭在19世纪时是全球鸭类中最少的种类。尽管于1909年该物种因国家海洋保护区的设立而受保护，但由于岛内植物受到入侵的动物破坏，其数量在1912年减少到灭绝边缘，仅剩7只成鸭及5只雏鸭。1950年数量有所增加，约有500只。1967年，被列为濒危物种。1993年，厄尔尼诺现象导致了严重旱灾及食物短缺，使该物种的数量减少到100只左右。2004年，它们的数量约576只。莱岛鸭被列入《世界自然保护联盟》国际鸟类红皮书的极危物种。

知识点

蹼

一些水栖动物或有水栖习性的动物，在它们的趾间具有一层皮膜，可用来划水运动，这层皮膜称为蹼。例如，两栖类的蛙、蟾蜍等，爬行类的龟、鳖等，鸟类的雁、鸭、鸥等，哺乳类的河狸、水獭、海獭、鸭嘴兽等的趾间都具有发育程度不同的蹼。

延伸阅读

厄尔尼诺的影响

1986年至1987年的厄尔尼诺现象，使赤道中、东太平洋海水表面水温比常年平均温度偏高2℃左右；同时，热带地区的大气环流也相应地出现异常，热带及其他地区的天气出现异常变化；南美洲的秘鲁北部、中部地区暴雨成灾；哥伦比亚境内的亚马孙河河水猛涨，造成河堤多次决口；巴西东北部少雨干旱，西部地区炎热；澳大利亚东部及沿海地区雨水明显减少；中国华南地区、南亚至非洲北部大范围地区均少雨干旱。

1990年初又发生厄尔尼诺前兆现象。这年一月，太平洋中部海域水面温度高于往年，除赤道海域水面温度比往年高出0.5℃外，国际日期变更线以西的海域水面温度也比往年高出将近1℃；接近海面的28℃的暖水层比往年浅10米左右；南美洲太平洋沿岸水域的水位比平时上涨15～30厘米。

1997年至1998年的厄尔尼诺现象，太平洋东部至中部水面温度比正常高出约3℃～4℃，令长江出现大水，华南地区有持续暴雨，东南亚地区发生大规模的森林大火。这次厄尔尼诺现象紧接于1990～1994年发生，频密程度罕见，但规模较小。中国西南五省的旱情也是由厄尔尼诺现象所引起的。

同时，厄尔尼诺现象带动的温暖海水，影响鱼类的成群移动，破坏珊瑚礁的生长。

黑颈鹤

黑颈鹤是在1876年最后被发现的一种鹤，它的体羽大多为灰白色，只有头、颈和尾羽是黑色的。头顶和眼裸露，呈淡红色。

黑颈鹤是鹤类中唯一的高山种，栖息在海拔3 500～5 000米的山地和沼泽之中。这种鹤仅分布在我国青藏高原和云贵高原西部地区。

20世纪60年代初，在黄河源头的鄂陵湖，又见到了这种世界各地已灭绝了的动物——黑颈鹤。70年代，在唐古拉山口，人们见到约300只黑颈鹤正在南飞；在柴达木盆地的诺木洪，也见到约600只的大群黑颈鹤。

黑颈鹤是一种候鸟。冬天，它们在云贵高原的高山草甸和浅水湖泊中越冬。一到春回大地，冰雪消融，就在天空排成整齐的行列，北飞到青藏高原，在那里的高山草甸和高原湖泊中，开始繁衍后代。

黑颈鹤成双成对地在湖边漫游，时而翩翩起舞，引颈高歌，声音清脆而洪亮；时而鼓动着双翅，在白云和绿水之间飞翔。它们度过了短暂的"蜜月"生活后，选择适当的地方衔草筑巢。

雌雄鸟共同营巢，有的用较柔软的枯草堆集成比较讲究的巢，有的则在地上稍稍抓扒出一个小凹坑就当巢用了。

5月下旬，黑颈鹤开始产蛋，每窝1~2枚。蛋呈黄褐色，带有褐斑点，大小似鹅蛋。孵化时，雌雄鸟轮流孵育，勤的一天换五六次，有的只换两三次。高原的夏天，气候多变，一会儿大风，一会儿雨雪，正在孵化的黑颈鹤，却安静地卧在那里一动也不动。过了一个月，雏鹤脱壳而出，稍稍适应外界环境，就能蹒跚步行。四五天后，就能离巢随亲鸟漫游在浅滩、浅水中，以植物的嫩芽、昆虫和小型爬行动物为食。

　　青海省玉树以西70千米的隆宝滩，是黑颈鹤比较集中的繁殖区。隆宝滩海拔4 200米，气候多变，为什么黑颈鹤每年要飞到这里来繁殖呢？原来，这里食物丰富，荒凉偏僻，人烟稀少，比较安全。体躯硕大的黑颈鹤缺少防御的本领，靠一张长嘴来啄击，此外，只能靠两只长腿奔跑，两只翅膀飞逃了。雏鹤出世时常常有两只，由于喜欢相斗，结果一死一活。加上母鹤缺少保护自己儿女的能力，来自天空的敌人——黑鹰常常伺机捕猎雏鹤，因此繁殖率很低，濒临危险的境地。

　　黑颈鹤对气候变化十分敏感。有一年，春季旱象严重，气象预报秋季有暴雨，湖水要猛涨。黑颈鹤的繁殖期比往年提前了一个月，似乎已洞察到大汛将来临，以便在汛期来临前，带领幼鹤离开湖区。8月间，亲鹤率领幼鹤在平地或高山练习起飞降落本领，到了9月，高原寒冬就要来临，它们这时候就好相率南飞，到较温暖的大山河谷里去越冬。

　　黑颈鹤姿态优美潇洒，步履轻盈闲雅，容易驯养，是一种珍贵的观赏动物。20世纪80年代初，美国鹤类研究中心已经收集饲养了世界14种鹤，独独缺少一种鹤，就是我国的黑颈鹤。

知识点

候　鸟

　　很多鸟类具有沿纬度季节迁徙的特性，夏天的时候这些鸟在纬度较高的温带地区繁殖，冬天的时候则在纬度较低的热带地区过冬。夏末秋初的时候这些鸟类由繁殖地往南迁移到越冬地，而在春天的时候由越冬地北返回到繁殖地。这些随着季节变化而南北迁移的鸟类称之为候鸟。有很多电影、歌曲等文艺作品以候鸟为名。

黑颈鹤灭绝的人为原因

黑颈鹤离不开湿地。湿地面积减少和部分湿地沙化现象严重，造成黑颈鹤食物短缺，在越冬地主要依赖农民秋收后散落在地里的农作物和春播种子为生，这就引生出"人鸟争食"的矛盾，农民为阻止黑颈鹤到农地里觅食，伤害黑颈鹤的事时有发生。

云贵高原的沼泽，大多是泥炭型沼泽，当地农民在沼泽湿地挖"海垡"作燃料，不但破坏了湿地生态，还直接威胁到黑颈鹤的生存环境，因而"人鸟争地"的矛盾在一些地方也开始突显出来。

在黑颈鹤繁殖地，牧民有拾蛋的习惯。每年5月，牧民把鹤巢里的蛋拿走，这也是黑颈鹤繁殖率低的一个原因。

美洲鹤

美洲鹤很像中国的丹顶鹤，体高1.5米，双翼展开时，翼距可达2米多，是北美洲最高的鸟。它翱翔云际时，神态十分优雅，被誉为"北美洲最高贵的鸟"。

美洲鹤体羽呈白色，飞羽的末梢黑色。尾短，喙、颈和附跖都很长。头顶皮肤裸露，呈红色。它用两只高高的脚支撑着身躯，成鸟长长的气管可以发出号角般的长鸣，在3千米外也能够听到。在北美洲，人们叫它"叫鹤"、"呐喊的鸟"。

在一个世纪以前，美洲鹤的数量是较多的。它们每年在墨西哥湾沿岸过冬，春天飞到美国大平原去繁殖。19世纪80年代，美国居民汹涌地向西迁徙，美洲鹤逐渐被赶出它们的繁殖区域。它们原来栖息的沼泽地，有许多被抽干了水。在迁徙途中，还遭到人类的大量捕杀。到了1889年，美国明尼苏达州的叫鹤已全部绝灭。1940年，在得克萨斯州沿岸沼泽过冬的叫鹤，也只剩下15只了，当时，关于叫鹤产卵繁殖地在哪里，人们就不太清楚了。

直到1955年，有人发现叫鹤在加拿大阿伯达州森林小牛公园南部巢居。

它们在沼泽或浅湖上建造30～60厘米高的草巢，产蛋繁殖。在求偶期间，也会婆婆起舞，姿态优美，双双情投意合时，就结为终身夫妻。

蛋经过孵化，出壳的幼雏长得很难看，同爸妈俊俏模样完全两样，简直像只"丑小鸭"。它一出世就会跑，常常在近水浅滩涉水，先是由妈妈喂

美洲鹤

饲昆虫。不久，羽毛逐渐丰满，模样也变得同亲鸟一样秀丽了。它们啄食青蛙、蛇和蠕虫等虫类动物。

秋天到来了，叫鹤从加拿大向南迁飞，到美国得克萨斯州沿海一带过冬，飞翔能力很强。它们飞翔的姿态优美极了，伸长着头、颈，双足并直，呈一条直线，拍动双翼，乘风翱翔云际。

叫鹤正濒临着灭绝的危险。1971年，在得克萨斯州庇护区，有61只叫鹤飞来，第二年又减少到51只。此外，在动物园里饲养的叫鹤也不过21只。

1973年，美国和加拿大政府为挽救叫鹤的命运，已采取措施予以保护，在威斯康星州成立了一个国际鹤类基金会。经过努力，现在叫鹤的数量已增加到140只左右了。叫鹤能否继续生存下去，人们还有忧虑。

知识点

基金会

基金会是指利用自然人、法人或者其他组织捐赠的财产，以从事公益事业为目的，按照本条例的规定成立的非营利性法人机构。基金会分为面向公

众募捐的基金会和不得面向公众募捐的基金会。公募基金会按照募捐的地域范围，分为全国性公募基金会和地方性公募基金会。基金会是对兴办、维持或发展某项事业而储备的资金或专门拨款进行管理的机构，一般为民间非营利性组织。宗旨是通过无偿资助，促进社会的科学、文化教育事业和社会福利救助等公益性事业的发展。基金会的资金具有明确的目的和用途。

延伸阅读

孵化美洲鹤的故事

鸟类有一种天性，它会把第一眼看到的动的物体当成自己的母亲。为了让鹤保持自己的天性，孵化美洲鹤的工作人员制作了套在手上的假鹤，用假鹤的嘴巴喂小鹤，同时播放母鹤的叫声。

1993年秋，加拿大人利世曼驾驶轻型飞机首次成功带领18只加拿大鹤从加拿大的安大略省迁徙美国弗吉尼亚过冬。

到了小鹤该学飞的时候，没有母鹤教它们，它们就只会走，不会飞。

到了美洲鹤迁徙的季节，没有母鹤教它们怎样飞往温暖的南方，如果一直留在本地，十几只珍贵的美洲鹤将会被冻死。

工作人员使用滑翔机，播放着母鹤的叫声，慢慢地起飞。奇迹般的，小鹤们排成一队，跟着滑翔机飞了起来。

工作人员清晨起飞，中午喂食，晚上休息。整个美国都在关注这十几只由滑翔机带领迁徙的美洲鹤，每飞过一个地方，人们都放下手中的工作，仰望这难得一见的景象。

鹤们也有个性，责任心强的，体力好的，飞在前面，照顾其他的鹤。调皮捣蛋的，路上光顾着看风景的，迷了路，找不到鹤群。工作人员只好把那只捣乱的小鹤装到箱子里，直接运到目的地。

第二年，这些美洲鹤自己飞回老家，并且繁衍了后代。

钩嘴鸢

钩嘴鸢是一种中型的猛禽，是属于鹰科蜂鹰亚科的鸟类。钩嘴鸢有3个主要的亚种即指名亚种、格林纳达亚种、古巴亚种。

钩嘴鸢主要分布于中美洲，包括危地马拉、伯利兹、洪都拉斯、萨尔瓦多、尼加拉瓜、哥斯达黎加、巴拿马等国家及地区；南美洲，包括哥伦比亚、委内瑞拉、圭亚那、苏里南、厄瓜多尔、秘鲁、玻利维亚、巴拉圭、巴西、智利、阿根廷、乌拉圭以及马尔维纳斯群岛（也称福克兰群岛）。

钩嘴鸢的体型适中，体长一般38～42厘米，也有些种类可达50厘米。雄鸟体重约250克，雌鸟体重在255～360克之间。钩嘴鸢以其具有的大钩形鸟喙著称，其为黄绿色有蜡质感的鸟喙。钩嘴鸢上体羽毛呈蓝灰色，翅膀羽毛类似鳞片。雄鸟羽毛变化明显，一般呈蓝灰色，胸腹部羽毛带有不同颜色层次横斑纹，尾巴具深色宽带，飞行时十分清晰。

钩嘴鸢通常悄悄地栖息在檐篷和树叶丛中，很少暴露自己的身体，不引人注意，一般很难察觉，常见的是从森林上空飞升的鸢。在飞行觅食时可以清楚看到钩嘴鸢飞翔的身影。其主要觅食蜥蜴、青蛙、蝾螈、淡水蟹、蛞蝓等，偶见抢夺同类的猎物。

钩嘴鸢

钩嘴鸢通常为"一夫一妻"制。它们在旱季将要结束时筑巢，一般建在树冠上，巢浅杯状，脆弱且摇摇欲坠，其多由枯枝叶为巢材，中间稍下凹，内置些许草茎及草叶。每巢产卵两枚。孵卵期30～35天，育雏期40～45天。

钩嘴鸢在美洲大陆的指名亚种虽然普通，但却很少见；古巴亚种仅限于古巴东部，是极度濒危的物种，栖息地遭破坏是灭绝的主要原因，另外一些人误认为它们捕食家禽而进行猎杀。格林纳达亚种的濒危是由于栖息地丧失。钩嘴

鸢已被列入《世界自然保护联盟》鸟类红色名录，属于极危物种，也被列为《华盛顿公约》附录Ⅰ的濒危物种。

知识点

蛞蝓

蛞蝓，又称水蚰蜒，中国南方某些地区称蜒蚰，俗称鼻涕虫，是一种软体动物，与蜗牛很像，有肺目。雌雄同体，外表看起来像没壳的蜗牛，体表湿润有黏液，民间流传在其身上撒盐使其脱水而死的扑杀方法。中国古代也称蜗牛为蛞蝓，是中国画的题材之一；在《火影忍者》动画片中，蛞蝓是纲手坐下神兽。

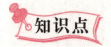

各类鸟喙

很多鸟以谷物和种子为食。这是因为它们没有牙齿，它们吞下去的沙石必须在消化道里分解掉。野生鹦鹉有一个坚硬并带钩状的喙，以及一对强有力的爪子，所以它们可以撕开热带的果实，还能打开坚果壳。

一些鸣禽的喙呈锥状，比鹦鹉的喙要软，但它的底部能产生强大的压力。它们可以用自己的喙打开种子和谷物，只吞掉其中"好吃的"部分。松鸡也有一个短小的喙，它可以把喙伸进泥土里，寻找虫子、谷物和种子。

秃鹰的喙适用于将动物尸体的肉撕咬下来。它们的喙和猛禽的一样，都可以撕下动物的肉，再把肉撕成小块咽下去。大蓝鹭能用自己细长尖利的喙在池塘或沼泽地里啄到鱼和青蛙。翠鸟用喙来捕食鱼、虾、螃蟹等小动物。鹬的喙长而尖，主要用来觅食蚯蚓。

常见的加拿大黑雁用喙过滤水，以找到一些小的食物，还用它来拔草。普通秋沙鸭的喙的边缘是锯齿状的，就像牙齿一样。这样的喙可以让秋沙鸭捉到光滑的鱼。绿头鸭的喙边缘也有锯齿，但是与秋沙鸭的不一样，绿头鸭的锯齿状喙是用来撕开水草的。

另外，个别的鸟喙也有不同的独特形态，如交嘴雀的喙上下无法对齐是交叉的，这样可以方便交嘴雀从鲜松果中取出松子；剪嘴鸥的下喙比上喙大而长，它贴近水面飞行时，可以用下喙在水中捞取食物；而红鹳的上喙隆起而庞大，正是为了低头捞取水中的藻类。

食猿雕

食猿雕是菲律宾的国鸟，所以又叫菲律宾鹰，它是世界上体型最大、数量最稀少的雕类之一，属于大型雕类，被人们赞为世界上"最高贵的飞翔者"，有"雕中之虎"的美誉。其主要出现于菲律宾的吕宋岛、沙马岛、雷伊泰岛、民答那峨岛的森林。

食猿雕有"鹰中之虎"的凶狠相，体态强健，一般体长1米左右，重达9千克，翼展长达3米。上半身羽毛呈深褐色，下半身则呈浅黄或黄白色相间，头部后侧多柳叶状冠毛，呈黄色伴有斑点。面部及嘴呈黑色，遇敌手或猎物时冠羽会立刻竖起呈半圆形，冠羽高耸，面目古怪。

食猿雕通常生活在热带雨林当中，栖息于低山至开阔的草原地带。其习性与哈佩雕颇为相似，占地为王，便于捕食。一对食猿雕的领地约为30平方千米。食猿雕善于低空盘旋，一旦发现猎物，就会俯冲而下，先啄猎物眼睛后撕碎饱食。其主要猎物是各种树栖动物，如猫猴、蝙蝠、蛇类、蜥蜴、犀鸟、灵猫、猕猴及野兔等，也捕杀狗、猪等家畜。另外，它们还经常埋伏在犀鸟的洞穴周围，捕杀雄犀鸟。

食猿雕与其他猛禽相似，一生只追求一个伴侣，任何变故都不能动摇它们对伴侣

食猿雕

的忠贞。它们一般将巢筑在岩壁、乔木或灌木丛中，其巢主要由枯枝与芦苇组成，内放兽毛和细草。食猿雕的巢非常大，直径可达3米，但是它们的繁殖率很不稳定，一对食猿雕可能每2～3年才产1只雏雕。食猿雕产卵期为4～5月，幼鸟在8月底离巢。

菲律宾曾经拥有的优质的热带原始森林是食猿雕理想的栖息环境，但19世纪70年代后，由于土地的开垦和人们对食猿雕的肆意捕杀，致使这种猛禽已处于灭绝边缘，主要分布于菲律宾群岛的吕宋、棉兰老岛等岛屿的热带丛林中。

1894年，英国一名博物学家在菲律宾萨马岛的热带丛林中进行考察时，首次发现了这种性情凶猛、喜欢捕食猴子的鸟类，并且采到了它的标本，经过一番仔细的研究，将其命名为食猿雕。但是，从那时到现在，这种珍贵的动物却一直没有摆脱逐渐走向灭绝的命运。

由于深山老林的不断减少，动物天然栖息地的丧失，食猿雕的数量已从6 000只减少为300余只。在《濒危野生动植物种国际贸易公约》中，食猿雕被列为附录一濒危物种。另外，为了挽救食猿雕，菲律宾政府将其定为国鸟，采取了一系列保护措施，并在1983年颁布法令，严禁射猎此鹰，违者罚以巨款，并加1～5年徒刑。

知识点

国鸟

鸟是人类的朋友，国鸟是一个国家和民族精神的一种象征。因此，那些被选定为国鸟的一定是为这个国家人民所喜爱的、珍贵稀有的特产鸟类或具有重要价值和意义的鸟。国鸟的评选，距今已有200多年的历史。美国是世界上最先确定国鸟的国家。由于环境污染和人类的滥捕，不少鸟类数量日趋减少，有的甚至灭绝或正处于灭绝的边缘，国际鸟类保护会议呼吁各国都选出自己国家的国鸟，以在国民中普及保护鸟类的思想。1960年，第12届国际鸟类保护会议的与会代表，建议世界各国都选出本国的国鸟。如今，世界上已有40多个国家确定了国鸟。

> 延伸阅读

保育与文化宣传

在我国的东沙群岛，海巡员按照世界自然保护联盟（IUCN）的要求，协同菲律宾海关对涉及走私食猿雕的可疑货船进行盘查，对偶迁迷途于东沙群岛的食猿雕进行保护。例如1996年7月在东沙群岛北岛15海里岛礁，我南海海巡武警就成功地救助了一只雄性食猿雕，在我军自然保育救助史上书写了平凡而温情的一笔。

1985年放映国产动画片《黑猫警长》，在第二集中食猿雕首次以大反派动漫明星的身份为青少年观众所熟知，为当时新兴动画产业创作注入一丝新奇。透过动画的表现，人们也从侧面感受了这种动物的威猛和捕食习性，为人们探寻自然中它的真实魅影保留了一分想象。

南亚鸨

南亚鸨，又称为印度大鸨、黑冠鹭鸨，是印度及巴基斯坦东部的一种鸨，主要分布在印度的拉贾斯坦邦、卡纳塔克邦、马哈拉施特拉邦及中央邦。

南亚鸨是一种陆禽，颈部和脚都比较长，身体为褐色或白色。该鸟站立时高约1米。雄鸟体长约1.22米，体重8~14.5千克；雌鸟体长约92厘米，体重3.5~6.75千克。雄鸟与雌鸟在外观上基本一样，但雄鸟的毛色呈现为较深的沙黄色，并且头顶呈黑色，有冠。而雌鸟相比雄

南亚鸨

鸟较细小，头部及颈部均不为纯白色，偶有胸部斑纹。

南亚鸨的繁殖期在3～9月繁殖，雄鸟在这时会膨胀羽毛向雌鸟示爱。更有意思的是，雄鸟会竖起尾巴到背上，折曲颈部，并发出很深且急的鸣叫。南亚鸨一般"一夫多妻制"。雌鸟每年仅生一个蛋，孵化期约27天。雄鸟不参与任何孵化或喂养雏鸟的活动。它们通常在开阔的地上筑巢，这就导致了鸟蛋时常受到其他动物的破坏。雏鸟会和雌鸟共同生活，直到下一个繁殖季节。雄鸟在繁殖季节一般独居，而其他时间则组成群体。

南亚鸨通常栖息于干旱至半干旱的草原，这里长满高草及针刺丛林，远离灌溉区域。它们是杂食性的，一般主要以吃甲虫、草蜢、种子及地上的坚果为食物。

由于受到农业灌溉的影响，南亚鸨的栖息地不断减少。一些群落迁徙至巴基斯坦后受到捕猎的影响。在印度中央邦的卡若拉保护区已看不到它们的踪迹。据估计南亚鸨的数量已少于1 000只，处于灭绝边缘。

知识点

陆禽

陆禽是指鸟纲中的鸡形目和鸠鸽目的鸟类。这些鸟类经常在地面上活动，因此被称为陆禽。

陆禽主要在陆地上栖息。体格健壮，翅膀尖为圆形，不适于远距离飞行；嘴短钝而坚硬，腿和脚强壮而有力，爪为钩状，很适于在陆地上奔走及挖土寻食。松鸡、马鸡、孔雀等都属于这一类。

陆禽主要以植物的叶子、果实及种子等为食，大多数用一些草、树叶、羽毛、石块等材料在地面筑巢，巢比较简单。

延伸阅读

南亚鸨物种现状

南亚鸨即将受益于一项旨在拯救全球极度濒危物种的计划——国际鸟盟物

种冠军。该项计划的目标是努力使那些极度濒危的物种避免灭绝的命运。南亚鸨列入首批拯救对象。

 黑脸琵鹭

琵鹭属在全球只有 6 种，其中两种分布在亚洲，即黑脸琵鹭和白琵鹭。黑脸琵鹭是一种中型涉禽，属于鹳形目、鹭科、琵鹭属。该种鸟类的最大特征是长有一个琵琶或汤匙般的长嘴。黑脸琵鹭仅见于亚洲东部。

黑脸琵鹭体羽白色，后枕部有长羽羽冠；额至脸部皮肤呈黑色，裸露。琵琶样的嘴呈黑色，长约 20 厘米，前端扁呈汤匙形。两腿长约 12 厘米，腿、脚趾都呈黑色。虹膜呈深红色或血红色。雌鸟与雄鸟的羽色基本相同。羽有季节变化，冬季羽呈纯白，羽冠一般较短；夏季羽、羽冠及胸羽呈现黄色。黑脸琵鹭飞行时姿态优美而平缓，颈部和腿部伸直，有节奏地缓慢拍打着翅膀。

黑脸琵鹭和白琵鹭颇为相似，因此很可能会将它们混淆。黑脸琵鹭的体型相对于白琵鹭略小，而且全身羽毛都呈雪白色，夏季在后枕部会长有发丝状橘黄色羽冠，项下及前胸还有一个橘黄色颈圈。另外，黑脸琵鹭嘴全部呈黑色，而白琵鹭形状虽也呈琵琶状，但嘴前端呈黄色。黑脸琵鹭的额、脸、眼周、喉等部位的裸露部分都呈黑色，而白琵鹭的黑色部分仅限于嘴的基部。

黑脸琵鹭通常栖息在内陆湖泊、河口、芦苇沼泽以及沿海岛屿、海滨沼泽等湿地环境。多为群居，每群为三四只至十几只不等，多与白鹭、白琵鹭等涉禽混杂。黑脸琵鹭的性情温顺，不太好斗，不主动攻击其他鸟类；喜欢悠闲地在海边潮间地带、红树林以及咸淡水交汇的基围及滩涂上觅食，中午前后栖息于虾塘的土堤上或稀疏的红树林中。

黑脸琵鹭觅食时，一般用长喙插进水中，半张嘴，一边涉水向前一边晃动头部扫荡，通过触觉捕捉水底层的鱼、虾、蟹、软体动物、水生植物等生物，捕到食物后就将长喙提出水面吞食。

黑脸琵鹭在繁殖期内，通常采取"一夫一妻"制，而且"夫妻"关系极为稳定，当鸟儿开始筑巢时，就确立了配偶关系。其筑巢期约为 7 天，边筑巢边相互亲热。繁殖期为每年的 5～7 月，但一般 3～4 月就会到达繁殖地区。它

们营巢在水边悬崖上或水中小岛上，通常两三对一起在临水的高树上营巢。巢呈盘状，由干树枝、干草等构成。

黑脸琵鹭交配颇有特点。交配前，雄性围着雌性不断地跑，一会儿雄性用嘴在雌性的嘴边及头部不停地爱抚，一会儿又用脖子在雌性的脖子两边急促地左右拍打。此时，雌性半蹲下来，雄性先伸出右腿搭在雌性身上，再把左腿踩到它的身上，雄性用嘴仅仅地咬住雌性的嘴，翅膀开始上下拍打，约持续10秒钟，然后从雌性身上直接飞向天空。

黑脸琵鹭每窝产卵为4~6枚，卵呈椭圆形、白色，表面有浅色斑点。孵化期约35天。雏鸟被有绒羽，除眼周外脸面并不呈黑色。育雏期间，雏鸟靠亲鸟捕捉贝类、小鱼、小虾等食物来饲喂，一个月后即能离巢出飞，与亲鸟一起活动。

黑脸琵鹭种群数量越来越少。迁徙时见于我国一些东西，于辽东半岛东侧的小岛上近期有繁殖记录。春季在内蒙古东部曾有记录。冬季南迁至江西、贵州、福建、广东及海南岛。世界上黑脸琵鹭仅存600余只，多数在台湾及香港越冬。

目前，黑脸琵鹭已被列为亚洲东部最重要的研究及保护对象，并拟定了一项"保护黑脸琵鹭的联合行动计划"，其中首要的任务就是对黑脸琵鹭的繁殖地、迁徙停留地和越冬地加以完全的保护，杜绝不利的湿地转换，禁止猎捕，合作研究其生态学和彻底调查整个种群的分布和数量。黑脸琵鹭被列入国际红皮书"濒危"级。

红树林

红树林指生长在热带、亚热带低能海岸潮间带上部，受周期性潮水浸淹，以红树植物为主体的常绿灌木或乔木组成的潮滩湿地木本生物群落。组成的物种包括草本、藤本红树。它生长于陆地与海洋交界带的滩涂浅滩，是陆地向海洋过渡的特殊生态系。

濒临灭绝的飞禽

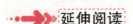
延伸阅读

黑脸琵鹭名字来源

黑脸琵鹭为1849年由汤姆·史比格根据在日本采到的标本命名的,据文献记载,在迁徙期曾普遍见于中国东北松花江、鸭绿江及山东沿海;越冬于湖南岳阳、广东、海南岛及台湾。

在福建沿海为留鸟。在国外见于朝鲜半岛、日本及越南。但是进入20世纪以来,随着水域污染的程度日益严重以及栖息地破坏、乱捕乱猎等因素,黑脸琵鹭的分布区已大为缩小、种群数量锐减,成为濒危物种。黑脸琵鹭在何处繁殖仍是一个谜,至今只在朝鲜西海岸紧临三八线的4个无人小岛上发现了繁殖种群,总计约30只。朝鲜与韩国的鸟类学家近年又相继考察了许多海岛,并未发现新的繁殖种群。因而大多数现存的黑脸琵鹭是在哪里繁殖的?是亚洲鸟类学家迫切希望调查清楚的,因为对繁殖栖息地及其环境的保护具有重要意义。应该说最有希望的潜在繁殖地在中国,特别是辽东半岛和山东半岛的近海无人居住的岛屿。此外在吉林省向海以及黑龙江省的许多内陆水域,也是有可能繁殖的。

黄腹角雉

黄腹角雉,又名角鸡、吐绶鸟,是中国特产的一种鸟,体长50~70厘米,体重840~1 600克。隶属于鸡形目、雉科、角雉属。

黄腹角雉体型近似家鸡,雄鸡羽冠前黑后红,身上羽毛上部为栗红色并点缀着黄色圆斑,身体下部皮黄色。雌鸟上体棕褐色间杂以黑色、白色点状斑,下体淡皮黄色。所谓角雉,是指在这类鸟的雄鸟羽冠两侧各长出一支数厘米长的肉角。雄雉的另一个特征是喉部生有肉裾。肉角和肉裾都是代表第二性征的,在发情期发挥作用。

黄腹角雉的肉角暗蓝色,求偶时一再把它抖动以唤起对方的注意。它的肉裾平时较小,到了发情季节就膨胀变大,而且颜色特别鲜艳。求偶时,雄雉先以"歌唱"作为前奏,在取得雌雉回音并互作对答时,雄雉便跳起"求偶舞"。

黄腹角雉

黄腹角雉栖息于海拔700~1 600米的亚热带常绿阔叶林和混交林等原始森林中。单独或结成小群活动。以乔木、灌木、竹、草本植物和蕨类的嫩芽、嫩叶、青叶、花、果实和种子等为食，也吃少量动物性食物。

筑巢于树上。每窝产卵3~6枚。孵化期为28天。

黄腹角雉仅分布于我国浙江、福建、江西、湖南、广东、广西等地。黄腹角雉的栖息环境狭窄，种群密度甚低，非常稀少，总数仅有4 000只左右。在我国《国家重点保护野生动物名录》中被列为一级保护动物；在《中国濒危动物红皮书·鸟类》中被列为濒危种。

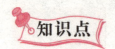
知识点

灌木

灌木是没有明显主干的木本植物，植株一般比较矮小，不会超过6米，从近地面的地方就开始丛生出横生的枝干。一般为阔叶植物，也有一些针叶植物是灌木，如刺柏。如果越冬时地面部分枯死，但根部仍然存活，第二年继续萌生新枝，则称为"半灌木"。如一些蒿类植物，也是多年生木本植物，但冬季枯死。

有的耐阴灌木可以生长在乔木下面，有的地区由于各种气候条件影响（如多风、干旱等），灌木是地面植被的主体，形成灌木林。沿海的红树林也是一种灌木林。

许多种灌木由于小巧，多作为园艺植物栽培，用于装点园林。

延伸阅读

黄腹角雉种群现状

1981年，浙江大学诸葛阳教授首先在泰顺乌岩岭自然保护区发现了黄腹角雉。

1984年开始，中科院院士、北师大鸟类学家郑光美教授领导的研究小组，在乌岩岭自然保护区对黄腹角雉进行了长达7年的系统研究。

1985~1986年，对广东、浙江、福建、广西主要分布区统计数量4000只。

1986年首次人工饲养繁殖成功，现已育成了三代人工种群。

1987年11月21日，首次在2只雄鸟和1只雌鸟上安装了无线电发射器，将它们释放到自然环境中。此后，又有10余只角雉被如此放回大自然。1994年乌岩岭晋升为国家级自然保护区，被确定为我国黄腹角雉唯一的保种基地和原产地人工繁殖基地。

2001年3月，北师大副教授在乌岩岭设置了200余个人工鸟巢。

目前国内黄腹角雉的资源估计量为5 000只，其中浙江省黄腹角雉的资源量约为640~1 000只，而据无线电遥测研究显示，浙江泰顺乌岩岭自然保护区黄腹角雉典型栖息地其种群密度可达7.08只/平方千米，现有的黄腹角雉资源量约为400多只，是目前已知的野生黄腹角雉最高种群密度区。但就整个分布区而言，由于它是呈"孤岛式"分布以及保护区以外地区的伐林等人为干扰，黄腹角雉的种群密度远远低于上述结果。

绿尾虹雉

绿尾虹雉体属大型鸡类，长74~81厘米，体重1 650~3 250克，雌雄个体有差异，隶属于鸡形目、雉科、虹雉属。

绿尾虹雉上体羽毛在光照下酷似雨后的彩虹，因而得名"虹雉"，又因其尾绿，故名"绿尾虹雉"。雄雉头顶、脸的下部及耳羽都呈现绿色虹光，向后转为赤红色；冠羽覆盖颈部，呈青铜色，向后转为红铜色；后颈、颈侧及背前

绿尾虹雉

呈红铜色，背中、肩羽及翅上覆羽转为紫铜色，并呈现绿蓝色；下背、腰部羽呈白色；飞羽黑褐具绿缘，尾羽蓝绿色。下体黑色，嘴角灰色。

绿尾虹雉仅分布于我国四川、云南西北部、西藏东部、甘肃南部，青海东南部等地。栖息于高山草甸、灌丛和裸岩地带。成对或呈小群活动。善于奔跑，也能在高空盘旋翱翔。以植物的嫩叶、花蕾、嫩枝、幼芽、嫩茎、细根、球茎、果实和种子等为食。

绿尾虹雉为早成鸟，2～3岁性成熟，繁殖期为4～6月。此期间雄鸟进行一种特殊的求偶飞行，从陡崖上呈滑翔式俯冲直下，尾羽散开，先盘旋后俯冲，伴有尖厉叫声。营巢于有岩石、灌木或树隐蔽下的地上或大树洞中。每窝产卵3～5枚，黄褐色，具紫褐色斑。孵化期28天。

绿尾虹雉由于受到生态环境被破坏以及人类的威胁，数量急剧减少，在我国《国家重点保护野生动物名录》中被列为一级保护动物；在《中国濒危动物红皮书·鸟类》中被列为濒危种。

知识点

早成鸟

出壳后的雏鸟，眼睛已经睁开，全身有稠密的绒羽，腿足有力，立刻就能跟随亲鸟自行觅食，这样的雏鸟，叫做早成鸟。鸡、鸭、鹅、雁等的雏鸟是早成鸟。

雏鸟孵出时即已充分发育，被有密绒羽，眼已经睁开，腿脚有力，在绒羽干后，可随亲鸟觅食。大多数地栖鸟类（如鸡）和游禽类

（鸭）属于早成鸟。

早成鸟在出生时身体就已经被绒毛所覆盖，双眼张开，而且出生不久后就可独立行走、觅食，例如家雉等在出生后就可离开父母独立生活。比如鸡、鸭、鹅、鸵鸟就是很典型的早成鸟。而晚成鸟在出生时全身裸露，几乎不具备羽毛，而且双眼也无法张开，只能依靠父母保温、喂食，比如乌鸦、麻雀等。

延伸阅读

绿尾虹雉种群现状

绿尾虹雉也是极为稀少的种类，为中国特有物种。在四川的局部地区尚有一定数量，密度在每公顷0.01~0.1只之间，而其分布的边缘地区数量更少，甘肃境内不超过200只，西藏境内则不足100只。

1983年在四川省宝兴县夹金山统计，样方大小为50平方千米，有32只雄鸟、34只雌鸟、12只幼鸟，雄雌比例1∶1.08；成幼比例5∶1；密度1.32只/平方千米。1984年在北川县和茂汶县交界的茶坪山统计，样方为45平方千米，有30只雄鸟、34只雌鸟、12只幼鸟，雄雌的比例1.25∶1；成幼的比例4.5∶1；密度1.32只/平方千米。

据调查，宝兴地区绿尾虹雉的数量自20世纪80年代大约减少了一半左右。牦牛放牧区正在不断扩大，使绿尾虹雉的栖息地越来越小。

白翅栖鸭

白翅栖鸭，又称白翼栖鸭，是一种大型栖鸭，与潜水鸭是近亲。其与疣鼻栖鸭同归栖鸭属，但根据生物地理学的分布地模式显示，两者的相似性逐渐减少。故此，有人指出应将其分在单型属中。

白翅栖鸭是一种分布较广的物种。主要分布在欧亚大陆和非洲北部，非洲中南部地区，印度次大陆及中国的西南等地区。

白翅栖鸭体型较大，体长66～81厘米，羽毛基本呈黑色，脚较短，脚爪强而尖锐，双翼带有白色覆羽。头颈均呈白色，通常布满黑色斑点。雄鸭、雌鸭的体型和颜色颇为相似，但雌鸭较细小，色泽较暗。

白翅栖鸭通常白天在树木的叶丛中休息，夜晚在森林中茂密的及满布杂草的小潭或水流缓慢的溪流中觅食。它们是杂食性鸟类，一般主要食植物种子、水生植物，还有昆虫、蠕虫、软体动物、青蛙及较小的鱼类。

白翅栖鸭一般在沼泽附近的树洞中筑巢，一次产卵6～13枚，孵化期在33～35天。

由于栖息地减少及人为猎杀，白翅栖鸭被世界自然保护联盟列为濒危物种，且受到《濒危野生动植物种国际贸易公约》附录一的保护。

栖 鸭

栖鸭是雁形目，鸭科，栖鸭族的水禽。栖息于潮湿林地，营巢于树洞内，借助具长爪的趾而栖于树枝上。该族分布广泛，尤以热带最多。与钻水鸭亲缘关系密切，觅食习性相近，一些种类也有相似的求偶表演行为；其他方面则像翘鼻麻鸭。有些栖鸭翅膀弯曲处有一个骨质突起，大多数种类有白色翅斑和黑色翼底。雄大于雌，雄体色型较鲜明，有时具金属光泽。最著名的种类是：北美林鸳鸯及其亚洲亲缘种鸳鸯，两者羽色特别艳丽；疣鼻栖鸭，分布在墨西哥到秘鲁和乌拉圭一带。水禽中最小的种是热带森林中鲜为人知的栖鸭，称为棉凫。

树洞在现代社会的含义

树洞可以隐藏一些东西，也比喻隐藏、秘密。

现在社会中树洞一词也多了一层更深的含义，即指袒露心声的地方。其说法最早源于童话故事《皇帝长了驴耳朵》，说一个国王长了一对驴耳朵，每个给他理发的人都会忍不住告诉别人，结果被砍头。有一个理发匠把这个秘密藏得好辛苦，终于在快憋不住时，就在山上对着一个大树的洞里说出了这个秘密。结果从此这树上的叶子只要放在嘴边一吹，就会发出"国王有驴耳朵"的声音。

夏威夷鸭

夏威夷鸭，又名夏威夷水鸭、夏威夷野鸭，是一种中型游禽，属于鸭科鸭属。其主要分布于夏威夷群岛，仅出现在尼豪岛以及夏威夷考爱岛上规模最大的美国国家野生动物保护区。圈养饲养的鸭子被重新安置到欧胡岛与毛伊岛，但现在岛屿上的野鸭混种和杂交比例很高。

夏威夷鸭是一种胆怯的中型水鸭，体长44～51厘米之间，重在461～605克之间。夏威夷鸭的外观与常见的野鸭颇为相似，但因基因不同，行为也不尽相同。夏威夷鸭体型较小，雌雄鸭全身羽色基本呈褐色，伴有斑点。雄鸭体型较大，颜色较深暗，羽毛为蓝绿色，带有黑色翼镜，两侧镶有白框。尾巴全部为深暗色，颈部偶见绿色且伴有光泽。脚、腿基本呈橙色。鸭嘴呈现明亮橄榄色，雌鸭特有一个暗橙色调的肉色鸭嘴。

夏威夷鸭一般栖息在淡水湖畔，有时候也成群在江河、湖泊、水库、海湾和沿海滩涂盐场等水域活动。脚趾间有蹼却很少潜水，游泳时尾出水面，善于在水中觅食、戏水和求偶交配。夏威夷鸭以植物为主食，也吃无脊椎动物及甲壳动物。

夏威夷鸭繁殖期为每年的3月至6月或12月至第二年的5月，用植物草茎建巢。巢一般为碗状，高于附近的水泽，隐藏在水草丛中。每巢内产卵2～10颗，孵化期约30天。雏鸭孵化后跟随雌鸭在水中活动及觅食，一直到有能力独立活动。

夏威夷鸭现已被列入《世界自然保护联盟》国际鸟类红皮书，

夏威夷鸭

属于濒危物种。

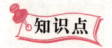

游 禽

游禽是鸟类六大生态类群之一,涵盖了鸟类传统分类系统中雁形目、潜鸟目、䴙䴘目、鹱形目、鹈形目、鸥形目、企鹅目七项目中的所有种。游禽适合在水中取食,如雁、鸭、天鹅等。喜欢在水上生活,脚向后伸,趾间有蹼,有扁阔的或尖嘴,善于游泳、潜水和在水中掏取食物,大多数不善于在陆地上行走,但飞翔很快。

延伸阅读

有性繁殖

由雌雄两性生殖细胞结合成受精卵而发育成新个体的生殖方式。有性生殖的优点是能产生新的变异。

对于那些产生大量种子,而籽苗又大致保留祖代优良性状的庄稼来说,从种子生长成植株通常是代价最低又最令人满意的植物繁殖方法。许多类型的种子都能播种在广阔的土地里,并能耐受极端的潮湿和干旱,发芽,生长茁壮。但另一些种子却对环境条件要求十分严格,只有在湿度和温度受严格控制的繁殖温室里这些条件才能满足。因为这些种子对氧的要求甚高,通常用以播种的土壤含沙量应大于普通的园土(或所含填充物或覆盖物更多)。但因为这样的土壤孔隙更多,所以干得更快,应注意调控湿度。因为许多土壤中藏着真菌,这些真菌会损害发芽的种子和幼苗,所以用来供种子萌发之用的土壤常常要藉加热或添加化学药品来消毒。许多植物疾病就由种子内部或表面所携带的真菌或细菌引起,因此用消毒剂处理种子,这样做是有好处的。

而有性繁殖则牵涉两个属于不同性别的个体。例如人类的繁殖就是一种有性繁殖。一般来说,高等生物都是透过有性繁殖的,而低等生物则多是透过无性繁殖。

 东方白鹳

东方白鹳属于大型涉禽，体态优美，体长110～128厘米，体重4 500～5 900克。隶属于鹳形目、鹳科、鹳属。

东方白鹳有粗长而坚硬的嘴，呈黑色；嘴的基部较厚，呈淡紫或深红，向尖端渐细，稍向上翘。眼周、眼先及喉部裸露皮肤呈朱红色。虹膜呈粉红色，外圈呈黑色。全身羽毛基本呈纯白色。前颈的下部有呈披针形的长羽，在求偶炫耀的时候能竖直。腿、脚较长，呈鲜红色。

东方白鹳分布于俄罗斯东南部和我国东北、华东、华南、西南地区，以及朝鲜、韩国、日本、孟加拉国和印度等地。栖息于开阔而偏僻的平原、草地和沼泽地带。成群活动。性情机警而胆怯，飞行或步行时举止缓慢，休息时常单足站立。以鱼类为食，也吃植物种子、叶、草根、苔藓和蛙、鼠、蛇、蜥蜴、蜗牛、软体动物、节肢动物、甲壳动物、环节动物、昆虫和幼虫，以及雏鸟等。

繁殖期为4～6月。巢通常位于树顶端的枝杈上。每窝产卵4～6枚；白色，雌雄轮流孵卵。孵化期为31～34天。

东方白鹳从前是我国常见的鸟类，现在在黑龙江、吉林两省残存的繁殖地也变得极为狭小，在湖北武汉沉湖等地发现的越冬群体有900多只，估计该种在我国尚有3 000只。在我国《国家重点保护野

东方白鹳

生动物名录》中被列为一级保护动物；在《中国濒危动物红皮书·鸟类》中被列为濒危种。

知识点

孵 卵

鸟产卵后，有伏在卵上加温的习性，称为孵卵。孵卵多由雌性进行，但也有雌、雄交替孵卵的（鸽、海鸥），个别的仅由雄性去完成孵卵任务（彩鹬）。热带地方的鸟类有的不孵卵，而是将卵埋在沙中或腐殖土中使之自然孵化。

延伸阅读

鸟类孵卵时的要求

鸟巢的位置：多选在山地或高树等处。

它们是如何隐蔽自己和保护自己的巢和蛋的。

是否双亲都参与孵蛋和抚育雏鸟，除了雌鸟孵蛋（例如母鸡）也有不少种类的雄鸟也会参加孵卵。

例如家燕、天鹅、鸵鸟、雕、鹈鹕、鹤等为数不少鸟类为雌雄轮流孵卵，但雄鸟的耐心往往不如雌鸟，孵化时间不如雌鸟长。至于企鹅，因种类而异，大多数企鹅为雌雄轮流孵卵，但帝企鹅主要为雄鸟负责孵化工作。

还有水雉、彩鹬、鹤鸵等一妻多夫制的鸟类，则完全由雄鸟孵卵、育雏，雌鸟在产卵之后便离开，完全不参与孵卵、育雏工作。而且雌鹤鸵的体型大于雄鹤鸵，当雌鹤鸵和带着幼鸟的雄鹤鸵相遇时，雌鸟甚至可能杀死幼鸟。

黄嘴白鹭

黄嘴白鹭体长46～65厘米，体重320～650克。隶属于鹳形目、鹭科、白鹭属。

黄嘴白鹭身体较为纤瘦，身上的嘴、颈、脚都较长。其全身羽毛为白色，雌雄羽色基本相同。腿为黑色，虹膜为淡黄色。幼鹭没有细长的饰羽，嘴基本呈褐色而基部呈黄色。腿和眼先皮肤为黄绿色。成体黄嘴白鹭在繁殖季节有细长的饰羽，后头的冠羽长而密，肩羽延伸至尾部但末端平直，下颈饰羽呈长尖形，覆盖胸部。

黄嘴白鹭

黄嘴白鹭一般栖息于海岸峭壁树丛、潮间带、盐田以及内陆的树林、河岸、稻田。黄嘴白鹭分布于我国东北和东部、南部沿海地区，以及菲律宾、马来西亚和印度尼西亚等地。栖息于沿海岛屿、海岸、海湾、河口及其沿海附近的江河、湖泊、水塘、溪流、水稻田和沼泽地带。单独、成对或集成小群活动。以各种小型鱼类为食，也吃虾、蟹、蝌蚪和水生昆虫等动物性食物。

繁殖期为每年的5~7月，集群营巢于近海岸的岛屿和海岸悬崖处的岩石上或矮小的树杈之间。每窝产卵2~4枚，孵化期为24~26天。

黄嘴白鹭曾经是我国常见的鸟类，特别是在南部沿海，但近年来种群数量已经明显下降。在我国《国家重点保护野生动物名录》中被列为二级保护动物；在《中国濒危动物红皮书·鸟类》中被列为濒危种。

知识点

潮间带

潮间带即是指大潮期的最高潮位和大潮期的最低潮位间的海岸，也就是海水涨至最高时所淹没的地方开始至潮水退到最低时露出水面的范围。潮间带以上，海浪的水滴可以达到的海岸，称为潮上带。潮间带以下，向海延伸至约30米深的地带，称为亚潮带。

延伸阅读

黄嘴白鹭致危因素

黄嘴白鹭在全世界迅速减少的原因：一是沿海滩涂养殖业的发展和人类对自然资源的开发和利用，特别是对繁殖地及湿地的过度开垦和越冬地的海岸开发，使黄嘴白鹭的栖息地遭受严重的破坏；二是在黄嘴白鹭的繁殖产卵季节，赶海的渔民及外地游客经常上岛观光和捡拾鸟蛋，使黄嘴白鹭无法完成繁殖活动；三是19世纪末，人们采集、买卖黄嘴白鹭的丝状羽毛，大量捕杀造成黄嘴白鹭的数量急剧减少，至今不能恢复元气。

细嘴杓鹬

细嘴杓鹬是一种中型的杓鹬，属于濒危物种，属于鸻形目鹬科杓鹬属。细嘴杓鹬通常在西伯利亚针叶林内的沼泽、泥炭沼泽繁殖，属于候鸟，冬季会迁徙至地中海淡水环境。另外，在欧洲西部、加那利群岛、亚速尔群岛、阿曼、加拿大及日本也曾发现该物种。

细嘴杓鹬一般体长为36~41厘米，翼展可达88厘米。其体型大小似中杓鹬，但羽毛颇似白腰杓鹬。处于繁殖期的细嘴杓鹬成鸟上身为灰褐色，下背部及臀部均为白色，带有深褐色的斑纹，尤其是体侧有圆形或心形的斑点。雄雌鸟基本相同，但雌鸟喙比较长，便于与雄鸟争夺食物。雏鸟羽毛颇似成鸟，但体侧伴有褐色的斑纹，心形斑点要第一年冬天出现。

细嘴杓鹬与其他杓鹬相比较白，翼底呈白色，体侧有明显的斑点。细嘴杓鹬的头部有深色的冠，肩膀为白色，与中杓鹬相似。但与中杓鹬比较，细嘴杓鹬胸部、尾巴及翼底较白，且喙较短，喙底较直。另外，中杓鹬和细嘴杓鹬的斑点不同：中杓鹬的斑点为箭形，而细嘴杓鹬为圆形或心形。细嘴杓鹬与中杓鹬叫声也很相似，但细嘴杓鹬音较高，较有节奏，较短。

细嘴杓鹬是高度群居的动物，即使在繁殖期外也会群居，甚至它们还与其他杓鹬共同生活。细嘴杓鹬一般用喙在软泥中觅食细小的无脊椎动物，偶见在地面上找细小食物。关于细嘴杓鹬的繁殖情况尚不十分清楚，曾发现多个巢，平均每巢中有4枚卵。

细嘴杓鹬自发现以来，数量不断减少，现已变得十分稀少。该物种是继大海雀于160多年前消失后第一种正面临灭绝危机的欧洲鸟类。据估计，现在数量已经少于50只，因此其被列为濒危物种。

细嘴杓鹬数量急剧减少的主要原因是地中海冬天时的过分捕猎。栖息地的丧失也可能是其中一个原因，但在西伯利亚还有大部分地区适合它们栖息。

大海雀

大海雀，是一种不大会飞的水鸟，曾广泛生活在大西洋的各个岛屿上。虽然是水鸟，但其外观与企鹅很像，体型粗壮，腹部呈白色，头到背呈黑色。在水中的游动速度非常快，但由于双翼已经退化，只能在水面上低低滑翔，不能够飞行，在陆地上的行动也比较缓慢。大海雀的繁殖能力极低，每次只产一枚卵，而且不做窝，仅产在露天的地面上，曾成群地繁殖于北大西洋沿岸的岩石岛屿，向南远至佛罗里达、西班牙和意大利，均曾发现其化石遗体。由于人类的大量捕杀，已于1844年灭绝。

群居动物的种类

很多昆虫是群居动物，比如：蜜蜂、蚂蚁、蝗虫等。

很多海洋动物都是群居，比如：多种热带鱼，以及黄鱼、金枪鱼、梭鱼。几乎所有的海洋哺乳动物也都是群居，比如虎鲸、蓝鲸、座头鲸等各种鲸，但抹香鲸除外，还有海豚、海狮、海象等等。

很多犬科动物都是群居，比如：狼、豺、鬣狗。

猫科动物一般不群居，狮子除外。

一般食草动物都是群居的，用来保护自己，比如：角马、羚羊、藏野驴、野马、以及斑马、犀牛、大象、非洲水牛、羚牛等等。世界上最大的动物群是东非羚羊，通常一个群里头可以超过1亿只（在哺乳动物里）。

所有的灵长目动物也是群居：如金丝猴、黑猩猩、狒狒、长臂猿等，包括人。

啮齿目的动物也有很多是群居，比如：老鼠和兔子。

还有很多鸟类，比如：火烈鸟、海鸥、企鹅、鹈鹕、麻雀，以及像天鹅、大雁这样的候鸟们。

极北杓鹬

极北杓鹬，又称作因纽特杓鹬，是一种中型涉禽。极北杓鹬是8种杓鹬的1种，同属杓鹬属。杓鹬属是在鹬科之下，同科的包括有丘鹬属及鹬属等。它与亚洲的小杓鹬是复合种。其主要分布于加拿大及阿拉斯加位于北极的西部冻原。

极北杓鹬体长约40～45厘米，成鸟的脚长为深灰色，喙长且稍向下弯。鸟体上身为杂褐色，下身为浅褐色。通常可在其飞行时看到它们肉桂色的双翼。其外表与长嘴杓鹬及中杓鹬相似，但体形较细小，且极北杓鹬下身没有斑纹。其叫声不详，但肯定包括清晰的笛声。

极北杓鹬是一种候鸟，一般要在夏末迁徙到阿根廷的彭巴斯草原，并在次年2月份返回。在以往的记录中它们其中的一些会迁徙到欧洲，但最近再没有记录。哥伦布在首次的航海旅程中，根据极北杓鹬与金斑鸻的迁徙时间及模式，得以到达邻近陆地。19世纪初，有超过百万的极北杓鹬在冬季由现在的栖息地，向东沿加拿大的北岸飞行，转向南飞越大西洋到南美洲。回程往北美洲时经过美国中央大平原

极北杓鹬

极北杓鹬以视觉及喙来捕捉食物。它们在冬天的加拿大主要是吃草莓,其余的迁徙时间及繁殖季节则会吃昆虫。蜗牛及其他无脊椎动物都是它们迁徙时的食物。

极北杓鹬于6月筑巢。它们会将巢筑在地上,但一般很难发现。它们以干草及叶子来筑巢。蛋呈绿色而有褐色的斑点。其孵化行为不详,究竟是雄鸟或是雌鸟来孵化、孵化期等都不详。

极北杓鹬曾一度成为北美洲数量最多的涉禽之一,但由于19世纪末的人为捕杀,到1981年,估计它们在得克萨斯州的数量只有23只。其在阿根廷、加拿大、美国及墨西哥都是受到保护的,自1916年就已经禁止猎杀。

知识点

哥伦布

意大利航海家。生于意大利热那亚,卒于西班牙巴利亚多利德。哥伦布一生从事航海活动。先后移居葡萄牙和西班牙。他相信大地球形说,认为从欧洲西航可达东方的印度。在西班牙国王支持下,先后4次出海远航(1492—1493,1493—1496,1498—1500,1502—1504)。开辟了横渡大西洋到美洲的航路。他先后到达巴哈马群岛、古巴、海地、多米尼加、特立尼达等岛。在帕里亚湾南岸首次登上美洲大陆。考察了中美洲洪都拉斯到达连湾2 000多千米的海岸线;认识了巴拿马地峡;发现和利用了大西洋低纬度吹东风,较高纬度吹西风的风向变化。证明了大地球形说的正确性。

延伸阅读

极北杓鹬的种群现状

从20世纪开始,野生极北杓鹬就被认为已经灭绝。

在过去的10年中,只有小群的饲养种群生活在加拿大和美国。在美国北部地区,现在仍能见到这些饲养种,它们受到法律的严格保护。在纽芬兰和拉布拉多地区,极北杓鹬的灭绝已经是不争的事实。有关部门从20世纪90年代开始，在一些他们认为可能的地区重点调查极北杓鹬重返纽芬兰或拉布拉多的痕迹。但是除了沃伊斯海湾（Voisey's Bay）那千奇百怪，令人扑朔迷离的岩石外，至今一无所获。

从美洲南部到美国的大草原，如今往日的喧闹景象已经不再，在极北杓鹬曾经迁徙过的路线上，荒草因失去了极北杓鹬的热情而显得无比的落寞。

野生极北杓鹬灭绝时间：20世纪。

虎头海雕

虎头海雕体长90～100厘米，体重2 800～4 600克。隶属于隼形目、鹰科、海雕属。虎头海雕分布于俄罗斯东部、朝鲜、日本和我国东北、华北、台湾等地。栖息于海岸及河谷地带。冬季来临，多数虎头海雕会南迁至日本千岛群岛及北海道越冬。

虎头海雕头部呈暗褐色伴有灰褐色的纵纹，颇似虎斑故得名"虎头海雕"。体型颇大，具特大鸟喙。其体羽基本呈暗褐色，虹膜、嘴、脚呈橘黄色，爪呈黑色。前额、肩部、腰部、尾上覆羽和尾下覆羽以及呈楔形的尾羽基本呈白色。尾羽14枚，比同属海雕多出两枚。虎头海雕飞翔时，可见到双翼缘、尾下覆羽、尾羽的白色羽毛，与深色的身体形成强烈对比。它们具有锐利的双眼虹膜、强而准确的爪，以及有力的喙。

虎头海雕行动极为机警。以鱼类为食，也吃野鸭、大雁、天鹅等大小型水禽和野兔、鼠类等中小型哺乳动物，以及甲壳类动物和鱼、海兽等动物的尸体等。

繁殖期为4～6月，营巢于海岸附近的林区河谷地带，偶尔在海岸岩石上营巢。巢多置于高大乔木顶部枝杈上或较粗的侧枝上。每窝产卵1～3枚。孵化期为58～45天。

虎头海雕

濒临灭绝的飞禽

虎头海雕在我国是十分罕见的猛禽。虎头海雕不仅分布区狭窄，而且数量已经极为稀少，估计在全世界仅有6 000~7 000只。在我国《国家重点保护野生动物名录》中被列为一级保护动物；在《中国濒危动物红皮书·鸟类》中被列为濒危种。

虎斑猫

虎斑猫原产美国。铜棕色的底色，夹有纯黑色的斑纹图案，且有一圈较浅的铜色呈环状包围。颈略短，肌肉发达。毛型短而厚、质地生硬。个性独立、活泼、机警。捕鼠能力强，深受百姓喜爱。带有古典虎斑图案和深浅不同的红色玳瑁色斑纹，两者都清晰可见。掌垫是红色或黑色。品种特征为玳瑁色虎斑猫或"玳虎虎斑猫"很可能只有母虎斑猫。是经过千百年的自然淘汰而形成的自然虎斑猫种。

无性繁殖

无性繁殖的过程只牵涉一个个体，亲体不通过两性细胞的结合而产生后代个体的生殖方式。例如细菌用细胞分裂的方法进行无性繁殖。无性繁殖并不局限于单细胞生物。多数的植物都可进行无性繁殖。常见的无性繁殖有营养生殖、出芽生殖、（无性）孢子生殖等。通过离体植物组织培养，动物的克隆也都是无性繁殖的手段。

植物的无性繁殖包括分球、分根、压条、嫁接、扦插和组织培养等。鳞茎和其他根状的地下结构如块茎、球茎等成熟后可以切成几部分，然后将这些部分放在潮湿的基质中待其生根。压条是将大型植株的枝条刻伤并裹以潮湿的泥炭藓或将枝条弯曲到地面，并覆以潮湿的泥土；当枝条生根，根长出泥炭藓外，即将枝条于生根处下方切断，并将生根的枝条栽入花盆中。植物生长激素可用于刻伤处或土壤中以刺激生根。扦插指在水中或潮湿的盆栽基质如沙、泥炭藓或蛭石中生根。如果扦插或压条行不通，则可将一个植株的芽或小枝嫁接到另一植株充分发育的根系上。

某些植物，如香蕉、菠萝、甘蔗的栽培类型并不结籽。许多栽培植物的幼苗变异极多，其中仅很小一部分具有人类所需要的性状。由于这些原因和其他种种原因，园艺家们便采用无性繁殖的方法，即将具有所需性状的原始植株（亲本）分割开并无限分割。

加州神鹫

加州神鹫是美洲鹫科新大陆秃鹫家族，它们是北美洲大陆最大的鸟类，现在主要分布于科罗拉多大峡谷区域以及加利福尼亚州及加利福尼亚州北部的西海岸的群山中。该种是加州兀鹫属中唯一存活的物种。

加州神鹫是一种大型黑色的秃鹫，翅膀下面有白色的小块，头部秃毛，根据其情绪的不同，显露的皮肤颜色呈微黄色至鲜红色。在全部北美洲的鸟类中，它的翼幅最宽，同时它也是最重的鸟类之一。

加州神鹫的飞行姿态十分优美。由于没有大块的胸骨来固定它们相对应的大型飞行肌肉，从而限制它们的飞行，使之成为高空滑翔机。它从地面上鼓翼而飞，到达一定的高度之后基本靠滑行，有时候飞行很长时间都不拍打翅膀。已知其飞行速度可以达每小时 90 千米，飞行高度可达 4 600 米。它们喜欢栖息在高处，如此它们就可以不费力地拍动翅膀便可起飞。它们一般在悬崖峭壁旁飞翔，利用上升的热气流帮助它们保持高度。

加州神鹫寿命可以达到 50 年。如果其生存到成年，除了人类外，加州神鹫的自然威胁就很少了。它们仅能发出咕哝声和嘶嘶声。加州神鹫经常洗澡，每日花费数小时来梳理羽毛。它们把尿撒在腿上，以降低身体的温度。在大型的加州神鹫群里有完善的社会结构，通过肢体语言和声音来竞争确定啄食顺序。这种社会等级尤其是在它们进食时尤为明显，占有支配地位的鸟比年幼的鸟先食。

加州神鹫生活在岩石灌木丛、针叶林和橡树草原。它们通常在悬崖或大树上筑巢。个别鸟的活动范围很大，为了寻找腐肉，它们的飞行距离可远达 250 千米。有人认为，当加州神鹫成为一个物种存在的早期，它依靠大型动物的尸体而活，如今这些动物已经在北美洲灭绝。它们仍旧喜欢吃大型的陆栖哺乳动物的尸体，比如鹿、羊、山羊、驴、马、猪、美洲狮、熊和牛。他们也会选择体型较小的哺乳动物，如兔或北美小狼，以及水生哺乳动物，如鲸和海狮或者鲑鱼。它们很少吃鸟类或者爬行动物的尸体。由于没有嗅觉，加州神鹫通过其他食腐动物来找到腐肉，如个头较小的秃鹫和鹰，这些小型的食腐动物撕开大型动物的皮的能力没有加州神鹫强。它们通常可以吓阻其他食腐动物离开腐肉，但是也有例外，比如熊根本就不理会加州神鹫，金雕则会与加州神鹫争夺腐肉。在野生环境中，它们是间歇性进食者，往往几天甚至两个星期不进食，然后一次猛吃1~1.5千克肉食，甚至有时吃到不能起飞的地步。

加州神鹫6岁性成熟，为吸引伴侣，雄性炫耀自己，将自己头变成红色，并膨胀脖子上的羽毛。然后它伸出翅膀，慢慢接近雌性。一旦雌性低头接受了雄性，它们将成为终生的伴侣。它们在洞穴或悬崖的裂缝处筑巢，特别是那些附近有栖息的树木和空地降落的地方，巢一般很简单。成熟的雌性每年二三月产一枚蓝白色的蛋。蛋重约280克，长90~120毫米，宽67毫米。一旦幼鸟或蛋丢失或被移走，成鸟会"双次孵蛋"，以新蛋取代丢失的那个。孵化期为53~60天，由成鸟双方共同负责。幼鸟出生时眼睛睁开，有时需要一周才从蛋里出来。幼鸟的毛是浅灰色的，一直到它们几乎和成鸟一样大。5~6个月之后，幼鸟学会飞行，直到两岁之前依旧和成鸟

加州神鹫

一起生活和觅食，之后成鸟开始养育新的孩子，他们的位置也随之被新的幼鸟取代。

19世纪以来，由于非法狩猎、铅中毒和栖息地破坏，加州神鹫的数量急剧减少。最终，美国于1987年执行了一项自然保护运动计划，捕获了所有存活的野生加州神鹫，总计22只鸟被豢养在圣迭戈野生动物园和洛杉矶动物园。1991年开始，数量开始有所增长，加州神鹫又被重新放归山林。这项工程是

美国迄今以来最昂贵的物种保护工程。加州神鹫是世界上最稀少的鸟类之一。截至 2008 年 12 月，据统计只剩有 327 只存活的加州神鹫，其中半数以上为野生。

腐　肉

腐肉是指动物尸体上腐烂的肉。腐肉是大量肉食性和杂食性动物的食物来源之一，而以腐肉为主要食物来源的动物被称为食腐动物（如鬣狗、秃鹫等）。许多无脊椎动物，如蛆和埋葬虫，也以腐肉为食物来源。

在动物死亡后，腐肉在细菌的作用下开始慢慢降解，产生尸胺和腐胺，并散发出尸臭味。一些植物和真菌可以释放出相似的腐败气味，以吸引昆虫来帮助它们传粉。

延伸阅读

加州兀鹫属是残存分布的一个最好的例子。在更新世时代，这个属广泛分布在美洲。根据化石，更新世初期佛罗里达州和更新世末期秘鲁都已经有加州兀鹫。存放在古巴的一只更新世末期的兀鹫被认为是加州兀鹫属的另一个成员。它甚至曾经被描述为加州神鹫的一个亚种。

如今，加州神鹫是加州兀鹫属唯一存活的成员，且没有亚种。尽管在全新世，该物种的分布大大减少，但还常常有少数同系交配的种群。然而，在更新世末期有一个渐变种在该鸟类历史上曾经分布的大部分区域存在，甚至扩散到佛罗里达州，这个渐变种体型更大，几乎和安地斯秃鹰一样重，其喙也更宽。冰河时期末期，气候发生变化，总体数量开始减少，直到它进化成今日的加州神鹫。

金肩鹦鹉

金肩鹦鹉，属于鸟纲鹦形目鹦鹉科纽澳鹦鹉族，它们主要分布于约克角半岛的南部和中部、昆士兰的北部。

金肩鹦鹉体长约26厘米，头、鸟喙与眼睛之间呈柠檬黄色，脸颊上部呈黄绿或蓝绿色；脸颊下部、喉咙、胸部、身侧、臀部及尾巴上部覆羽呈蓝绿色；头顶及颈部呈黑色；颈部后部呈黑棕色，伴有蓝色滚边；下颚呈浅灰色；背部、背部下方、翅膀的小覆羽为灰棕色；腹部、尾巴内侧覆羽及大腿呈白底橘红色，伴有白色滚边。翅膀弯曲处、主要飞行羽覆羽、外侧飞行羽、翅膀内侧覆羽呈蓝色；翅膀中间覆羽呈黄色；中间尾羽上部呈古铜绿色，尖端为蓝黑色。年幼的雄鸟脸颊带有蓝绿色，头顶及颈部少许深棕色，腹部带有较深的玫瑰粉红，鸟喙偏黄。幼鸟长成像成鸟般羽色需16个月。

金肩鹦鹉一般主要栖息在开阔的林地、半干燥的草原、沿着河流经过的狭长林区。它们平时成对或结小群活动，偶尔会聚集较多的族群在地面水坑或是觅食处；它们个性并不十分怕生，一般清晨前往水源处饮水，有时全身都会进入水中清洁一番，然后飞到附近的树枝上边梳理羽毛边晾干身体。金肩鹦鹉喜欢较为凸出的树枝，但时常可被人看到在地面觅食，一旦受惊扰，会惊叫着整群飞到附近的树枝上，但不久又回到地面上。它们在地面上行动的相当敏捷。

金肩鹦鹉除了繁殖期后会移居至红树林外，一般来说是属于定居性的鹦鹉，无明显的迁徙行为，平时多单独、成对或一小群家族成员一起活动，有时会聚集约30只左右，饮水与觅食的时间集中在早上与傍晚，在一天中较炎热的时候则待在树梢间休息，多在地上觅食。干季、湿季时，它们会去不同的地区活动。它们的飞行速度很快，稍成波浪状，飞行时伴随高频叫声，很容易被发现。

金肩鹦鹉性喜安静，但个性比较活泼，喜欢比较宽广的空间，通常很少吵闹；它们的语言能力较差，绝大多数都不能讲话，但叫声婉转动听，旋律优美。金肩鹦鹉尽管看似温顺，但攻击性却很强，在繁殖期特别凶悍。此外，它们喜欢啃咬，经常用新鲜树枝或是木头等磨嘴玩乐。它们对寒冷或是过于潮湿的气候较为敏感，在此环境下容易生病。

金肩鹦鹉大部分都在4—8月繁殖，繁殖较为困难，因雌鸟在孵雏期间或幼鸟孵出后常常离开巢穴，有时会导致胎死蛋中或幼鸟冻死，甚至有些雌鸟会在蛋孵出后几小时即离巢。筑巢在地上的白蚁窝内，每窝产蛋约5~7颗，孵化期一般在19~20天，幼鸟羽毛长成约需5周，7周后可独立活动。

金肩鹦鹉在1965~1970年期间遭到大量的捕捉，而且其栖息地也不断遭到破坏，所以今日数量稀少。

由于农地开发等破坏栖息地的行为，而使草类种子等主食大量减少，加上一直有人暗中持续进行违法盗捕，使得金肩鹦鹉数量日益减少。这种稀有的鹦鹉已成为《华盛顿公约》一级保育的澳洲长尾鹦鹉，野外数量很稀少，已濒临绝种的危机。现今野外的金肩鹦鹉约4个族群，每群约30~100只，总数量可能不超过500只。

迁　徙

迁徙是指从一处搬到另一处。泛指某种生物或鸟类中的某些种类和其他动物，每年春季和秋季，有规律的、沿相对固定的路线、定时地在繁殖地区和越冬地区之间进行的长距离的往返移居的行为现象。

延伸阅读

约克角半岛

约克角半岛（英文名称：Cape York Peninsula）澳大利亚昆士兰州北部半岛，西临卡奔塔利亚湾，东濒珊瑚海，向北突入托雷斯海峡。南北长450千米，东西宽240千米。大部为热带森林，人口稀少，西岸有极丰富的铝土矿藏。

"一方蛮荒而又美丽莫名的土地"，约克角半岛是澳大利亚最后的边疆之一，它被大分水岭逐渐缩小的脊梁劈开，是昆士兰州北端的一个小尖儿，有643千米长，面积约14万平方千米，拥有多样化的生态系统和极端的气候条件。一望无际的大草原、湿地、雨林、海岸沙丘加上灌木丛混成一片，焕发出十足的野性光彩。

半岛上的动物群非常多样化，有81种哺乳动物（包括半数以上的大陆蝙蝠种类），49种青蛙和156种爬行动物，360多种鸟，至少75种淡水甲壳类动物，47种蜘蛛，以及600多种昆虫，而且在甲丁河还有30多种淡水鱼。

白冠长尾雉

白冠长尾雉是一种森林益鸟，体长56～200厘米，体重700～1900克。隶属于鸡形目、雉科、长尾雉属。白冠长尾雉体形优雅，有艳丽独特的羽色，其尾羽称为"雉翎"，是传统的天然工艺品。历史上白冠长尾雉广泛分布于中国的河北、甘肃、陕西及西南、华南等地，是一种分布区域较宽的地方性留鸟。

白冠长尾雉翅上覆羽呈白色，羽缘呈褐色；下体栗褐色，胸部的两肋具粗大白斑。白冠长尾雉雄雌异形异色。雄性头顶、颔部、颈及颈后呈白色；面部具一带状黑色区域，延伸到脑后形成环绕头部的黑色环带；眼周较窄的区域无被羽，裸露皮肤为鲜红色；双眼的侧后下方具一白斑，整个头部黑白相间；颈部白色区域和胸部衔接的边界上有一较窄黑色环带。雌鸟远没有雄性漂亮，尾羽虽长，但与雄性白冠长尾雉相比远远不及。

白冠长尾雉栖息于中低山阔叶林、针阔叶混交林，以及灌丛和箭竹混杂的林缘陡峭斜坡上。单独或集成小群活动。白冠长尾雉性机警、怕人，听觉视觉敏锐，平时多在林下和比较隐蔽、安静的地方活动，遇到天敌威胁或人为干扰，往往在林中急速奔跑，紧急情况下振翅腾飞。

白冠长尾雉以植物的幼根、竹笋和昆虫等为食。繁殖期为3～5月。筑巢于地面上。每窝产卵6～10枚。孵化期24～25天。

白冠长尾雉在我国从前数量较多，但由于山区森林不断遭到砍伐致使栖息地减少和退化，现在河北、江苏

白冠长尾雉

等许多地区已经绝灭，其他地区的种群也非常稀少。在我国《国家重点保护野生动物名录》中被列为二级保护动物；在《中国濒危动物红皮书·鸟类》中被列为濒危种。

益 鸟

益鸟指那些捕食害虫、害兽或已被现代科学证明直接或间接对人类有益的鸟类。

益鸟种类繁多，在生存环境、生理结构、生活习性上千差万别。在中国民众当中，有的益鸟已被人们熟知和保护，有的则未被认识，甚至有的还被当作害鸟看待。中国政府1982年决定，每年四月份第一周的时间是"爱鸟周"。

两栖动物的哀鸣

近年来,人类陆陆续续地发现了很多奇奇怪怪的动物,但是,有很多珍稀动物还没有被发现,就已经灭绝了,它们连和人类见面的机会都没得到,就已经悄无声息地消失在这个地球上了。

那些珍稀的两栖动物在生活进化史上有着举足轻重的作用,有了它们,人类就可以理清生物进化的脉络,探索神秘的古生物。但是目前,两栖动物的处境岌岌可危,有许多珍稀的两栖动物正一步步走向灭亡。

大 鲵

大鲵又叫娃娃鱼,虽有"鱼"之名,却不是鱼。它的样子很古怪:头扁而阔,眼睛很小,皮肤润滑,没有鳞片;背上有成对的疣瘤,从颈部到体侧都有皮肤褶,腹面颜色比较淡;四肢很短;前肢4指,后肢5趾,4只脚又短又胖;皮肤上腺体发达,当受到刺激的时候这些腺体就会分泌白浆状黏液。大鲵口大,上下颌上有细小的牙齿。一般有棕色、红棕色和黑棕色3种体色。因为它的叫声像婴儿啼哭,所以俗称娃娃鱼。大鲵身体扁平,外形与鲶鱼很相像,难怪人们认为它是"鱼"。

大鲵一般栖息在海拔100~1 200米的清澈山谷溪水中,昼伏夜出,以鱼、蛙、虾等为食。由于身体笨拙,游得不快,所以捕食时不是依靠追捕方式,而是靠隐蔽和突然袭击的技巧。首先,它有一身很好的保护色,与溪流中的卵石或河床下的沙石很相配。当它静静地伏卧在自己的洞口或石头下边时,往往不被往来游弋的鱼、蟹等动物发现。以至猎物临近,它便来个猛烈突击,张开大口,连吸带吞,由于口中牙齿又尖又密,猎物很难逃掉。它咬住人也是不松口的。由于新陈代谢缓慢,缺少食物时,大鲵也很耐饥,有时甚至两三年不喂食也不会饿死。

大鲵虽然是水温很低的山溪中的产物,不怎么怕冷,但它也有冬眠的习性。每年由初冬到来年开春,约有四五个月是卧在洞内休眠的时期。这期间它可以不吃不动,但受袭击时仍有反应,4月份它出洞后,努力加餐,以弥补冬眠时身体的亏空,这是一种既善于忍饥耐寒,又能暴食暴饮的动物。

大　鲵

大鲵一般在5～8月产卵,体外受精,卵球形,由胶带包裹,呈现念珠状。它的繁殖很有趣,产卵前先由雄鲵用头、足和尾把"产房"清扫干净后,雌鲵才进去。产卵多在夜间进行,一次可产数百枚。雌鲵产完卵后就算完成任务而溜走,卵由雄鲵负责监护。

雄鲵的确是位很负责任的父亲,它常把身体弯曲成半圆形,将卵围住,或把卵带缠绕在身上,以防被水冲走和敌害的侵袭,直到孵出的幼鲵能分散独立生活后才离开。大鲵的生长期非常长,3年后才长到20厘米长、100克重。因此,一只小鲵长成成体,是一件非常不容易的事。大鲵在两栖类中体型是最大的一种,可长到2米左右,最重可达50多千克。

大鲵分布于我国的山西、陕西、河南、四川、浙江、湖南、福建、广东、广西、云南、贵州等地,日本本州南部及四国、九州也有。我国有吃大鲵肉的习惯,所以资源受到严重破坏。仅以中国湖南为例,曾经在湘西地区活跃繁衍的大鲵,20世纪70年代以来,其资源量以每年15%的速度锐减,现已罕见其踪迹。整个中国大鲵产区的资源状况也大体如此。如果任其下去,不久的将来我们就不得不面临一个尴尬的现实：我们几乎无法再从自然界获得珍贵的大鲵资源了。大鲵已被列为国家二级保护动物。

鲇 鱼

鲇鱼俗称塘虱，又称怀头鱼。鲇的同类几乎是分布在全世界，多数种类是生活在池塘或河川等的淡水中，但部分种类生活在海洋里。普遍的体上没有鳞，有扁平的头和大口，口的周围有数条长须，利用此须能辨别出味道，这是它的特征。

延伸阅读

休 眠

同"复苏"相对。有些动植物在不良环境条件下生命活动极度降低，进入昏睡状态。等不良环境过去后，又重新苏醒过来，照常生长、活动。动物界的休眠大致有两种类型，一类是严冬季节时（低温和缺少食物）进行的冬眠，如青蛙、刺猬等；一类是酷暑季节进行的夏眠，如海参、肺鱼等。休眠在动物界是较为常见的生物学现象，除了两栖动物、爬行动物外，不少的无脊椎动物和少数的鸟类、哺乳动物等也有休眠的现象。

休眠是动物适应环境，维持个体生存的一种独特生理过程。自然界的环境条件千变万化，有时这种变化是较为剧烈的，并有可能由此而引起食物或水的缺乏。在这种情况下，某些动物出现活动减弱，不食懒动，反射活动下降，处于昏睡状态的生理现象，这就是动物的休眠。处于休眠状态的动物呼吸和心率减慢，体温降低，基础代谢率下降，总之一切生命活动都降至最低限度，仅仅依靠体内贮存的物质来维持生命。

蠵 龟

蠵（xī）龟为龟鳖目海龟科，蠵龟属的一种，又名赤海龟，分布于大西洋、太平洋和印度洋内温水海域。

蠵龟海生，体型较大，体长 100 厘米左右，体重约 100 千克。头部较大，具有极为强健的钩状喙。头部和背部都有对称排列的鳞片，其中前额鳞为 2 对，比绿海龟多 1 对。颈部角板较短，背甲呈心形，角板呈平铺状排列，末端尖狭而隆起，有 5 对肋盾，也比绿海龟多 1 对。四肢呈桨状，前肢大，后肢较小，内侧各有 2 爪，比绿海龟多 1 个爪，适于游泳；尾巴较短。背面为棕褐色，杂以不规则的黄色或黑色斑纹，腹面淡黄色。

蠵龟一般栖息于温水海域，尤其是大陆架附近，有时可进入海湾、河口、咸水湖等，它是海产龟中分布地区最北、最南的种类。其主要以鱼类、甲壳动物和软体动物为食，尤其是头足类动物。5~7 月间繁殖，雄性和雌性通常在产卵场所的沿海岩礁间交配。雌性交配之后在夜间到海岸

蠵 龟

高潮带沙滩上挖穴产卵，每次产卵 130~150 枚，然后在岩礁间休息 2~3 周后，还可以再产一次卵。产卵后用沙覆盖，需要 50 天左右的自然孵化，幼体就能破壳而出，游向大海。生活在温水海域中，有时可进入海湾和河口。以鱼、甲壳动物和软体动物为食。

由于蠵龟价值极高，又无有力的保护措施，捕杀过度，以致数量日渐减少。加之栖息环境质量下降，自然资源极少，已濒临灭绝。

知识点

绿 海 龟

绿海龟因其身上的脂肪为绿色而得名。它的身体庞大，外被扁圆形的甲壳，只有头和四肢露在壳外，体长80～100厘米，体重70～120千克，最大的巨形绿海龟可达体长150厘米，体重250千克。

延伸阅读

蠵龟的弱点

缺乏运动细胞：蠵龟的最高游速只能达到海老龟的一半，运动天赋父母所赐无可厚非，归为原罪。

贪玩爱现：龟类浮出海面换气时最易腹部受敌，海龟平均换气时间2～3秒，才探出头又下去了。蠵龟上来晃荡个2～3分钟，悠哉游哉享受个阳光浴才记起来海底才是安全地带。

贪吃成性：不看录像不知道，蠵龟进餐居然用了足足两个小时，吃了几十个蚌，实在让人不免怀疑土生土长在南太平洋的蠵龟一族是否也曾被法兰西餐桌文化洗过脑，如此脑满肠肥的一顿恶吃之后，能游得快才怪。

玳 瑁

玳瑁同绿海龟、红海龟有一个明显不同的标志：背甲上各个角质质片呈覆瓦状排列，好像老式房屋屋顶的覆瓦那样，到年老时才逐渐变为平铺状镶嵌排列。背甲上的角质板共13块（四周还有25块缘角板围成一圈）。因此又叫它"十三鳞"。

我国沿海产的5种海龟（棱皮龟、绿海龟、红海龟、玳瑁、丽龟）中，要数玳瑁的个头最小。它体长约 60 厘米，重约 45 千克。它背甲上的各个盾片，呈现出红棕色，并杂有黄白色的云斑，具有光泽，背甲的边缘还有锯齿状的突起，显得十分美丽。腹甲黄色，也有光泽。

玳瑁又叫瑇瑁、文甲，它头部前端尖，吻侧扁，上颌钩曲，好像老鹰的嘴巴；四肢呈桨状，前肢大，后肢较小；尾短小，通常不露出甲外。它适宜在海中游泳，以鱼类、软体动物为食，有时也吃海藻。

玳瑁生活在太平洋东南亚海域和印度洋，我国南海、西沙群岛以及台湾、澎湖列岛数量较多，夏秋季在江苏、浙江、山东沿海都捕到过。玳瑁在海洋中游得很快，它性情凶猛，捕捉的时候，人们如果经验不足，常常会被它咬伤。

玳　瑁

玳瑁每年到岛上产蛋繁殖。清代广东水师提督李准到西沙群岛巡视，曾经对玳瑁作了生动的描述："夜宿岛中，黄昏后听水中有淅淅之声……月下见大龟鱼贯而上，为数不可胜计，群以灯照之，龟即缩颈不动……水手在树下拨开积沙，有龟蛋无数。……取玳瑁大龟，畜养于海边浅水处，以小树枝插水内围之，而不能去。"

玳瑁背甲雪片的色泽和花纹美观，使它身价百倍。玳瑁的肉有异味，还有毒，不能食用，可是它的甲片却是工艺品的原料和贵重的药材。背甲盾片是制作纽扣、梳子、眼镜框和雕刻精细工艺品的上等原料。我国还用它制作民族乐器筝等的弹片。海南岛一带渔民还有用玳瑁背甲做成手镯佩戴的习俗。

宋代《开宝本草》就记载着玳瑁的背甲盾片入药，叫玳瑁片。《本草纲目》说，玳瑁的甲片有解毒功效，为毒物所"娼嫉"，因此得名。玳瑁片有清热解毒、镇惊熄风、镇心平肝、滋阴潜阳等功效。用玳瑁片煎服，可治疗痘毒疮、小儿发热、惊悸；用玳瑁片制酒冲服，可治腰腿痛。中成药"局方至宝丹"用玳瑁作为主要原料。玳瑁片还可用其他草药配制成抑制肝癌的药物。

美丽而经济价值又高的玳瑁背甲，给它招来了杀身之祸。长期以来，一些人为了牟取暴利，滥捕玳瑁，每年平均约有六七万头玳瑁被杀，因而数量急剧减少。如不采取保护措施，面临着灭绝的危险。

我国已将玳瑁列为二类保护动物。现在，已经引起了世界有关国家的重视，正采取措施加以保护。

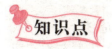

海　藻

海藻是生长在海中的藻类，是植物界的隐花植物，藻类包括数种不同类以光合作用产生能量的生物。它们一般被认为是简单的植物，主要特征为：无维管束组织，没有真正根、茎、叶的分化现象；不开花，无果实和种子；生殖器官无特化的保护组织，常直接由单一细胞产生孢子或配子；以及无胚胎的形成。由于藻类的结构简单，所以有的植物学家将它跟菌类同归于低等植物的"叶状体植物群"。

延伸阅读

玳瑁的进化史

在所有的海龟中，玳瑁在身体构造和生态习性上有一些独一无二的特征，这些特征中包括玳瑁是已知唯一一种主要以海绵为食的爬行动物。正由于玳瑁过于独特，其进化地位有些不明确。分子分析支持了玳瑁是从肉食祖先而不是草食祖先进化而来的观点，因此玳瑁很可能是由肉食性物种（如蠵龟）组成的蠵龟族进化而来，而不是由草食性物种组成的海龟族进化而来。

革　龟

革龟，又名棱皮龟，它是所有海龟中唯一不具有硬壳或大盾甲的种类，海生，由于没有硬壳的限制，成熟龟体型大，体长可达2米左右，体重达300～500千克，是现存龟类中最大的一种。现主要分布于热带至温带海域，北至西

革龟

伯利亚海岸以及南中国海、东海、黄海沿海、海南沿岸、台湾沿岸等海域。

革龟头大，颈短，吻圆钝，上颚前端有两个大的三角形齿突，其间有一凹口，承受下颚强大的喙。头、四肢及身体均覆以革质皮肤，无角质盾片。体背具7行纵棱，腹部有5行纵棱，因而称为棱皮龟。四肢桨状，无爪，前肢发达，约为后肢长的2倍多。尾短，尾与后肢间皮膜相连。成体背暗棕色或黑色，杂以黄色或白色斑点。腹部灰白色。

革龟为远洋性种类，是所有海龟中唯一在大洋中生活的种类，幼龟要长30年才会成熟，成龟可做数千里以上的洄游。

革龟主要生活在热带海域的中上层，偶也发现于近海和港湾，只有在繁殖期才接近陆地。杂食性，以腔肠动物、棘皮动物、软体动物、节肢动物及鱼、海藻等为食。5~6月为主要繁殖季节，一年可产卵数次，卵产于距海边20米左右的沙滩中，靠自然温度孵化。

由于过度捕捉，缺乏保护意识，以及海洋生产活动频繁，影响生态环境，加上人们在海洋中丢弃废塑料袋被革龟误食，造成肠道阻塞而死亡，自然资源严重枯竭。

知识点

洄游

洄游是鱼类运动的一种特殊形式，是一些鱼类的主动、定期、定向、集群、具有种群特点的水平移动。洄游也是一种周期性运动，随着鱼类生命周期各个环节的推移，每年重复进行。洄游是长期以来鱼类对外界环境条件变化的适应结果，也是鱼类内部生理变化发展到一定程度，对外界刺激的一种必然反应。通过洄游，更换各生活时期的生活水域，以满足不同生活时期对生活条件的需要，顺利完成生活史中各重要生命活动。洄游的距离随种类而异，为了寻找适宜的外界条件和特定的产卵场所，有的种类要远游几千千米的距离。

革龟的辉煌史

早在20世纪60年代，曾有1万只革龟在马来半岛东海岸的兰塔阿邦地区栖息产蛋。至此，这里也成为全球最大的革龟繁殖地。而据马来西亚渔业部门称，2010年只有3只革龟来到这里，并且没有一只产蛋。

领导马来西亚海龟研究所的常恩恒（音）教授说，整个太平洋在很短时间内都会像兰塔阿邦地区一样，出现革龟数量下降的现象。常教授说"眼看着这种珍贵的动物濒临灭绝而无能为力，实在令人心痛。"

革龟通常能长到2米长。如今，它们沦为在深海捕捞金枪鱼和剑鱼的捕鱼船的牺牲品。

钝口螈

钝口螈，又名美西螈或六角恐龙，属于两栖动物纲有尾目钝口螈科。钝口螈是墨西哥的特有物种，因其独特的外貌和幼体性熟而闻名，仅分布在墨西哥境内的一个湖泊里，属于高人气的两栖动物。钝口螈是很有名的"幼体成熟"种，其从出生到性成熟产卵均呈现幼体形态。钝口螈幼体一生在水中生活，在水中产卵。钝口螈体色多变，全世界超过30种，一般常见的有普通体色、白化种（黑眼）、白化种（白眼）、金黄体色（白眼）和全黑个体。

钝口螈科有2属34种，其分布遍及自阿拉斯加至墨西哥的整个北美洲。钝口螈的成体穴居于地下，只有在繁殖期回到水中。钝口螈中的有些种类终生保持幼体特征而生活于水中，其中最著名的是仅分布于墨西哥一个湖泊中的墨西哥钝口螈。该物种即使在性成熟后也不会出现适应陆地的变态，依旧保持它的水栖形态。其在全球作为宠物而被饲养，尤其是在北美。其原栖地由于被大量开发，因此生活面积不多于10平方千米。虎纹钝口螈主要分布于美国东部的低地，它们在短时间内就完成变态。虎纹钝口螈也是体型最大的陆栖蝾螈之一，身长最大可达40厘米。

钝口螈的天然分布区域在墨西哥南方，这里有非常有名的观光胜地，观光船络绎不绝地航行在交错的水路上，为了航行需要水路必须经常疏浚，钝口螈的栖息环境自然受到严重影响。目前《世界自然保护联盟》将其列为极危物种。

幼体成熟

也称为幼体延续，也有称为幼态延续，是指一个物种在性成熟个体中仍然保留一种或多种幼体性状的现象。

幼态延续在进化过程中起到重要的作用，经过世代进化，可以造成某种生物将幼态状态保持在成熟个体中，形成新的品种，这个过程是由于基因突变或基因之间互相作用造成的。

例如：不会飞的鸟类，就是将通常鸟的幼体性质——不能飞保持到成熟期。

人类幼态持续假说：人类没有体毛、头大，是将胎儿特征保留下来；好奇、有学习兴趣是将幼儿时期特征保留下来；有的人种将哺乳期产生能分解消化乳糖酶的特性终生保留下来。

许多种宠物，如狗，是将它们的祖先狼的幼儿特性——好玩耍、亲密等特性保留下来，而丧失了成熟体的凶猛、嗜杀的特性。

钝口螈惊人的复原能力

钝口螈被大量饲养用于研究方面。它最吸引人的特性是它的复原能力，钝口螈受伤后不会以结疤的形式自愈，而是会在几个月内长出新的肢体，某些个案证明，它们可以自愈（重生）出重要的器官，例如脑部。它们接受外来器官的能力很强，眼睛及部分脑部移植后可以完全恢复正常。

在某些个案里，当钝口螈的肢体受伤后（并没有被截肢），会长出新的肢体（例如：五条腿），这一新奇特性吸引着动物爱好者。变态后，器官再生的能力会大大减弱。另一吸引人的特性是它们的卵大而强壮。钝口螈对比起其他种类的大蜥蜴非常容易大量繁殖。

钝口螈在国际市场上是一种很受欢迎的宠物，钝口螈的再生能力非常强，尤其是幼体，可以在一个月内再生任何断离的四肢。随着成长，再生能力会逐渐减弱，无法再生四肢，但是仍然可以再生表皮或手指脚趾等组织。

锯缘龟

锯缘龟，又名锯缘摄龟，是一种偏陆栖的半水栖龟类。国内分布于湖南、广东、广西、海南、云南。国外分布于越南、泰国、缅甸、印度（阿萨姆邦）。

锯缘龟成体背甲长139～176毫米，宽97～120毫米，壳高57～75毫米。背甲较隆起，有3条明显的脊棱，其间的背甲部分较平坦，两外侧呈一角度斜向下方；背甲前后缘的缘盾锯齿状，后缘尤甚。腹甲平坦，前缘平切，后缘中央凹入。成体背腹甲之间及胸盾与腹盾之间有韧带发育，仅腹甲前半可活动闭合于背甲。无腋盾及胯盾。尾短，指-趾间蹼不发达。背甲黄褐色，有时缘盾上散有棕黑斑；腹甲黄色，一般无斑纹。头部适中，背部为灰褐色，散有蠕虫状花纹，眼后至额部有镶黑边的窄长条纹，上喙钩曲，眼较大。前缘无齿，后缘具八齿。腹甲黄色，边缘具不规则大黑斑，四肢具覆瓦状鳞片，趾间具半蹼。

雄性尾较长，且尾基部粗壮，肛孔距腹甲后缘较远，腹甲中央略凹；雌性体型较大，尾短，肛孔距腹甲后缘较近，腹甲中央平坦。

锯缘龟生活于山区丛林、灌木及小溪中，几乎不会进入深水区域活动。它喜暖怕寒，当环境温度在19℃时进入冬眠，25℃时正常进食。杂食性，主要以鱼、虾、螺为食。每年5～8月为产卵期。卵白色，椭圆形。

野生锯缘龟自然资源数量极少。由于栖息繁殖环境破坏、减少，自然增殖困难,加上其有较高的经济价值,而屡遭捕捉,野生资源遭到严重破坏,处于濒危状态。据世界自然保护联盟推断,现野生锯缘龟种群的成熟个体数已少于250只。

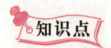

鳞 片

一般多指长在生物体表面的鳞状构造。

(1) a. 着生在蕨类的根茎、叶柄及个别种类羽状复叶叶脉上的来源于表皮系统的突起。系单细胞层的附属物,其形状、大小和颜色是种或属的重要的分类特征之一。如很细时,同毛状体难以区别。b. 鳞茎及苞叶的鳞(片)叶。

(2) a. 多毛类鳞沙蚕体背左右两行排列的扁平板,系疣足背触须的变态,总称为背鳞。雌体背面背鳞之间成为贮藏受精卵的育房。容易脱落,亦易再生。b. 覆盖于昆虫、特别是鳞翅目昆虫翅表面的毛状或叶状的微小扁平物。发生学上与刚毛相同,和形成刚毛的生毛细胞相同的表皮生鳞细胞向体表突出,在体表分泌囊状几丁质膜,随细胞的退化而渐趋扁平,其中充满随血液运来的色素颗粒。蝶类、蛾类翅的表面所具的各种特有的花纹,是由于不同的鳞片和排列方式所致。c. 亦称为触角鳞,高等甲壳类第二触角的外枝呈平刃状即是。

延伸阅读

八角龟鉴别

雄性尾较长,且尾基部粗壮,肛孔距腹甲后缘较远,腹甲中央略凹;雌性体型较大,尾短,肛孔距腹甲后缘较近,腹甲中央平坦。八角龟原产亚洲,是龟类中的优良品种,具有很高的食用和药用价值,其最大的特点是生命力和抗病力极强,此外还耐粗饲,食性杂,易饲养。

大头龟

大头龟又名平胸龟,是我国淡水龟中最特殊的一种,主要分布于我国南方等地,属我国一级保护动物。

大头龟成体背甲长65~156毫米,宽55~113毫米。体扁平,头大,不能缩入壳内。头背覆以完整的盾片,上、下颚钩曲呈鹰嘴状。背甲长卵圆形,前缘中部微凹,后缘圆,具中央嵴棱。腹甲近长方形,前缘平截,后缘中央凹入。背腹甲之间有下缘盾。四肢强,被有覆瓦状排列的鳞片。前肢5爪,后肢4爪。指、趾间具蹼。尾长,几乎与体长相等,具环状排列的长方形大鳞。头、背甲、四肢及尾背均为棕红色、棕橄榄色或橄榄色。腹甲生活时带橘黄色。雄性头侧、咽、颏及四肢均缀有橘色斑点。

大头龟生活于山区多石的浅溪中。攀缘能力强,可爬树及攀登崖壁觅食或晒太阳。以肉食为主,爱吃螺、蜗牛、蠕虫及鱼等动物,也吃野果。每年5~8月为繁殖季节,多次产卵,每次产卵6~7枚。卵白色,圆形。

由于环境质量下降,栖息地遭破坏,被乱捕滥杀,大头龟自然资源量日渐减少。据世界自然保护联盟推测,各地近年调查已很少报道,市场也很难见到,结合人类大量捕食习惯,估计目前野外成熟个体将持续减少。

盾 片

无脊椎动物,昆虫纲多数昆虫的中胸和后胸的背侧,具有4片骨片,其中的第2片称为盾片。其余3片称为前盾片、小盾片和后盾片。盾片的侧缘与翅基相连接。

脊椎动物爬行纲龟的龟甲,其外层是由表皮形成的角质板,称为盾片。龟甲由背甲和腹甲合成。两者的结构不同,盾片的形状、大小、数目也不相同。背用的盾片有椎盾(一般为5片)、颈盾(1片)、肋盾(一般左右各4片)、缘盾(一般左右各12片);腹甲的盾片分喉盾、肱盾、胸盾、腹盾、股

盾和肛盾，一般左右各1片。盾片上具有同心环纹，一般认为环纹的数目代表龟的年龄。鳖科和棱皮龟科无盾片，而具有革质皮肤。

禾本科植物的外子叶发育不全，只有内子叶发育，着生于胚轴的一侧，形状如盾，称为盾片。

扬子鳄

扬子鳄属鳄目，爬行纲。其体长不过2米，全身由呈方形的骨质鳞甲嵌成，躯干扁平，背鳞纵横排列成行，脊背中央的鳞甲较大并起棱，尾长而侧扁，尾与躯干分界不甚明显。头部头顶稍高，后端比前端宽，呈梯形。双眼卵圆形，耳孔隐在眼后，细长如线，在耳后有一排似"龙角"般的弧形枕鳞。吻短且宽，其末端有一对外鼻孔，嘴大，有锐利的牙齿，其长大者称獠牙（下颌第四齿）。颈短，颈背有用以保护颈部的两三对项鳞。扬子鳄有四肢，均较短，前肢五指，后肢四趾，趾前有蹼并有爪，既适于爬行，又适于游泳。它是有两亿年生活史的古老爬行动物，为我国特有。

扬子鳄

扬子鳄是唯一具有冬眠习性的鳄类，它半年活动，半年休眠。一般在每年的深秋10月入洞冬眠，直至次年4月下旬出洞。扬子鳄体大且行动笨拙迟缓，只觅食小鱼、蛙、虾、田螺及水生昆虫等。

扬子鳄在非繁殖期是雌雄分居的，只有在繁殖期才爬在一起。交配季节一般在每年6月中、下旬，求偶时雌雄分别发出呼叫声，具有一呼一应的特征。7月初，雌鳄以杂草乱枝和泥土筑巢。7月中产卵，一巢约产10～20枚，多则30枚。卵灰白，略小于鸡蛋，产卵后，雌鳄用厚草覆盖，经六七十天孵化，仔鳄破壳而出，并由雌鳄带领下水。仔鳄出世后仅一个多月就要进入冬眠期，而在这一短时间内，仔鳄觅食不仅要供其自身生长发育所需的营养，而且还要为冬眠积蓄充足的营养，往往很难觅到足够的食物，再加上其他的自然因素，致使幼鳄的成活率很低。

扬子鳄与早已灭绝的古代恐龙有着亲缘关系，系古老孑遗动物。因而有"活化石"之称，具有重要的科研价值。现仅残存于安徽、浙江等少数地区。我国把扬子鳄列为一类保护动物，在安徽省建立了扬子鳄自然保护区，还在安徽宣城建立了扬子鳄繁殖研究中心，对野生成鳄进行人工饲养和繁殖的试验。至今，该研究中心已成功地繁殖幼鳄600多条，取得了可喜的成果。

冬 眠

冬眠也叫"冬蛰"。某些动物在冬季时生命活动处于极度降低的状态，是这些动物对冬季外界不良环境条件（如食物缺少、寒冷）的一种适应。熊、蝙蝠、刺猬、极地松鼠、青蛙、蛇等都有冬眠习惯。

扬子鳄的捕食方法

扬子鳄在陆地上遇到敌害或猎捕食物时，能纵跳抓捕，纵捕不到时，它那巨大的尾巴还可以猛烈横扫。遗憾的是，扬子鳄虽长有看似尖锐锋利的牙齿，可却是槽生齿，这种牙齿不能撕咬和咀嚼食物，只能像钳子一样把食物"夹住"然后囫囵吞咬下去。所以当扬子鳄捕到较大的陆生动物时，不能把它们咬死，而是把它们拖入水中淹死；相反，当扬子鳄捕到较大水生动物时，又把它们抛上陆地，使猎物因缺氧而死。在遇到大块食物不能吞咽的时候，扬子鳄往往用大嘴"夹"着食物在石头或树干上猛烈摔打，直到把它摔软或摔碎后再张口吞下，如还不行，它干脆把猎物丢在一旁，任其自然腐烂，等烂到可以吞食了，再吞下去。扬子鳄有一个特殊的胃，不仅胃酸多而且酸度高，因此它的消化功能特别好。

蓝岩鬣蜥

蓝岩鬣蜥是大开曼岛特有的一种极危蜥蜴，也是最长寿的蜥蜴之一，寿命可达69岁。以往其被列为古巴鬣蜥的亚种，后分类为独立的物种。

蓝岩鬣蜥体型壮硕，全长约130~150厘米。蓝岩鬣蜥成长缓慢，幼体长到成体需5~9年的时间，当然寿命也就相对较长，通常都可以达到40~50年之久，甚至更久。雌雄的辨别也与绿鬣蜥相似，雄性棘刺及肉垂较大，体色泛蓝，雌性通常为棕色。雌性每窝可以产卵12~20枚，依体型大小而定，雌性会长期看守产卵的窝。

蓝岩鬣蜥性情比较温和，但彼此间难免争斗。鬣蜥科蜥蜴生活习性大致相同，在食性上以植物性食料为主。最新的研究显示，鬣蜥科的蜥蜴可以完全不需要动物性蛋白质，全部依赖植物和水果维生。

蓝岩鬣蜥的栖息地接近赤道，在这里，阳光一年四季都十分强烈，使得它们对紫外线的需求颇高，每天所需日照的时间也就很长。蓝岩鬣蜥的温度适应力很高，可以忍受高达49℃或低达10℃的气温。

岩鬣蜥属有8种，可细分为16个亚种，都属于中大体型的鬣蜥，由于数量都极为稀少，整个岩鬣蜥属都被列为《华盛顿公约》一级保育类。蓝岩鬣蜥是其中最岌岌可危、濒临绝种的种类，野生族群不超过200只。

两栖动物的哀鸣

知识点

绿鬣蜥

绿鬣蜥是美国比较受欢迎的爬虫宠物之一。美国每年都从中、南美洲的鬣蜥养殖场进口大量的绿鬣蜥。在美国的每个宠物店里几乎都能找到绿鬣蜥。

延伸阅读

亚种分化

蓝岩鬣蜥就是开曼群岛的特有种，它们是古巴鬣蜥的亚种之一，另外一个亚种就是体型较小的开曼鬣蜥。目前市面上的蓝岩鬣蜥绝大多数是蓝岩鬣蜥与开曼鬣蜥的杂交种或是古巴鬣蜥，因此价格也比较低。纯种的蓝岩鬣蜥都已经全数交由复育单位繁殖并建立基因库了。

由于鬣蜥科的蜥蜴生活习性都大致相同，因此都可以用饲养绿鬣蜥的方式来饲养，难度不高，只是岩鬣蜥属都是属于地栖性，与绿鬣蜥的树栖性不同而已。在食性上都是以植物性食料为主，在幼体阶段可以偶尔喂食昆虫等动物性食饵，随成长而逐渐转变为全素食蜥蜴。但是最新的研究显示，鬣蜥科的蜥蜴都可以完全不需要动物性蛋白质，百分之百依赖植物和水果维生。不过蓝岩鬣蜥体型壮硕，成长缓慢，幼体成长到成体需要5～9年的时间，当然寿命也就相对很长，通常都可以达到40～50年之久，甚至更久。

科摩多巨蜥

科摩多巨蜥属于蜥蜴亚目巨蜥科，是世界上最大种的蜥。

科摩多巨蜥主要分布在印度尼西亚小巽他群岛的科摩多岛和邻近的几个岛

科摩多巨蜥

屿上密林中。成年雄性科摩多巨蜥全长约3米，重约140千克。皮肤粗糙，生有许多隆起的疙瘩，无鳞片，黑褐色，口腔生满巨大而锋利牙齿。寿命约100年，能挖深洞，生卵其中，至4～5月份孵出。幼体在树上生活几个月。

科摩多巨蜥生活在岩石或树根之间的洞中。每天早晨，它们钻出洞来觅食。性情凶猛，只有凶猛的咸水鳄才有捕食过它的记录。它的舌头上长有敏感的嗅觉器官，所以在科摩多巨蜥寻找食物的时候，总是不停地摇头晃脑、吐舌头，靠着灵敏的嗅觉器官，能闻到范围在1 000米之内的腐肉气味。通常情况下，它们会找寻那些已经死去的动物腐肉为食，但成体也吃同类幼体和捕杀猪、羊、鹿等动物，偶尔也会攻击和伤害人类。

同许多蜥蜴一样，科莫多巨蜥的舌头既是味觉器官又是嗅觉器官。它的舌头吐进吐出，搜寻空气中腐尸的气味。科摩多巨蜥的口中有许多的细菌，一旦被咬过的动物极易受到细菌感染，其下颚发达的腺体分泌的毒液能让猎物在短时间里受到致命的伤害。

虽然现在是受到保护的动物，但是由于食物不足，使得科摩多巨蜥仍在减少中。

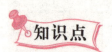

咸水鳄

咸水鳄又名食人鳄、河口鳄、马来鳄，位于湿地食物链的最高层次，为23种鳄鱼品种中最大型的，亦是现存世界上最大的爬行动物。由于它是鳄目中唯一颈背没有大鳞片的鳄鱼，所以亦被称为"裸颈鳄"。湾鳄成年后体长一般可达 3~7 米，体重可达 1 吨。湾鳄具地盘意识，拥有适应高盐度水质的生理结构。

▶ 延伸阅读

研究推翻唾液细菌致命观点

由于科摩多巨蜥十分丑陋肮脏，而且它的唾液有许多的细菌，并且科摩多巨蜥从来不清洗自己的口腔，因此人们普遍认为被咬过的动物会在 3 天之内因为细菌侵袭身体而死亡。不过，澳大利亚墨尔本大学布莱恩·克莱格·弗莱教授带领的研究团队发现，科摩多巨蜥不仅唾液中含有大量的细菌，而且其下颚发达的腺体能够分泌致命毒液，这才是科摩多巨蜥巨大杀伤力的秘密所在。

几十年来，大量野生动物纪录片一直宣扬这样的观点，科摩多巨蜥唾液中的大量细菌使其具有巨大的杀伤力。2002 年的一项研究似乎也印证了这种观点，给实验室白鼠注射科摩多巨蜥的唾液后，白鼠死亡。弗莱教授带领的柏林洪堡大学自然历史博物馆研究小组对一头受保护的科摩多巨蜥头部进行磁共振成像发现，它的下颚前部有巨大的毒腺管。

金头闭壳龟

金头闭壳龟，又名黄板龟，是我国特有的观赏龟类中的极品之一。目前所知仅分布于安徽南陵、黟县、广德、泾县等皖南地区。

金头闭壳龟体形和色泽优美，头型细长，背甲上有类似古代福、禄、寿、喜的图案文字，雄性背甲长为 75~130 毫米，雌性为 100~165 毫米。雄性背甲平扁，雌性背甲隆起。中线有一嵴棱，腹甲大，前端圆出，后端微缺，以韧带与背甲相连，腹盾间亦有韧带，腹前、腹后两半可完全闭合于背甲。肛盾沟最长，胧盾沟最短。其金黄色的头面，淡黄色的细长头颈，金黄色的纤细四肢，在黄色腹甲上分布着呈对称排列的大黑斑（米字），眼较大，喉部、颈部、腹部都呈金黄色。四肢背部为灰褐色，腹部为金黄色，指、趾间具蹼，前肢 5 爪后肢4爪。尾灰褐色，上方有3条白色线条。雄性尾巴粗长，雌性短而小。

金头闭壳龟

金头闭壳龟生活于丘陵地带的山沟或水质较清澈的山区池塘内，也常见于离水不远的灌木草丛中。饲养条件下，可食小鱼、小虾、螺肉、蝌蚪等，兼食少量植物。产卵期为7月底到8月初，每年产卵1次，可分两批产出，每批产2枚。卵乳白色，椭圆形，卵长39.5～41.5毫米，宽20.7～22.4毫米，重12～14.8克。60天左右孵出小龟。金头闭壳龟胆子大且颇通人性，有时在主人喂食前后，它会爬过来同主人嬉戏或跟着主人爬行，饱餐之后频频向主人点头。

金头闭壳龟的野生自然资源极稀少，据估计，全国野外生存及家庭饲养的总数目前可能不超过1 000只。世界自然保护联盟分析其已达到极危程度，成熟个体数持续衰退，处于濒危状态。

知识点

蝌 蚪

蝌蚪是蛙、蟾蜍、蝾螈、鲵等两栖类动物的幼体，刚孵化出来的蝌蚪，身体呈纺锤形，无四肢、口和内鳃，生有侧扁的长尾，头部两侧生有分枝的外鳃，吸附在水草上，靠体内残存的卵黄供给营养。

延伸阅读

野生金头闭壳龟的性成熟判定

雄龟通常只要体重达到120克以上，即已性成熟，会出现追逐雌龟的行为，但要作为优良种龟，则需达到150克以上。北方饲养者多反映体重达到或超过150克，都没有求偶行为，似乎没有成熟，这是因为北方冬季温度很低，饲养者通常都采用加温饲养法，龟无法进入冬眠状态，并且尚不断进食。科学研究表明，未冬眠的龟，其内分泌系统会紊乱，造成促性腺激素的少分泌或不分泌，这样便造成龟的体重不断增加而性腺却发育迟缓或不发育的情况，所以龟体重达到超过150克后仍不发情。

三线闭壳龟

三线闭壳龟是一种水栖龟类，国内主要分布在海南、广西、福建以及广东省的深山溪涧等地方，国外分布于越南、老挝。

三线闭壳龟的头大小适中，成体体长20~30厘米左右，体重2~2.5千克。头背部皮肤光滑，色泽蜡黄；喉部、颈部呈浅橘红色，头侧眼后有近菱形的褐斑块；背甲红棕色，有3条黑色纵纹，似"川"字；腹甲黑色，边缘部分黄色；腋窝、四肢、尾部的皮肤橘红色。体呈椭圆形，前部窄于后部。腹甲与背甲略等长，前缘平，后缘凹入，胸、腹盾间以韧带相连，前后两叶可动，并能向上关闭背甲。头、尾、四肢均可缩入甲。它的背甲相对低平，四肢较扁，指（趾）间有膜。同其它闭壳龟一样，三线闭壳龟的背甲和腹甲也通过韧带相连，而且腹甲又分胸盾和腹盾前后两叶，遇到危险时，提起腹甲，收紧胸盾和腹盾，可使整个龟壳完全闭合。雌龟个体明显大于雄龟，最明显的特征是雌龟尾短而细，生殖孔靠近腹甲后缘；而雄龟尾长且粗，生殖孔超出腹甲后缘一段距离。

三线闭壳龟

三线闭壳龟喜欢阳光充足、环境安静、水质清澈的地方。在自然界多栖息于溪流小河旁，并在水边灌木丛中挖洞做窝。喜群居，有时一洞穴中会有七八只龟。

三线闭壳龟是以肉食为主的杂食性龟类，在水中多捕食小鱼虾、蝌蚪等。在岸上则以各种昆虫、蜗牛、蚯蚓为食，有时也吃些瓜果、菜叶。

雌龟生长快于雄龟，性成熟年龄因生活环境和性别不同而有所差异。野生雌龟初次性成熟年龄为6～7龄，体重1 200～1 500克，雄龟为4～5龄，体重700～1 000克。性成熟的三线闭壳龟多在秋季或第二年春季交配，此时的气温在20℃～28℃之间，水温20℃以上。

三线闭壳龟没有发声器官，在发情季节，雄龟和雌龟各自分泌一种特殊气味，以吸引对方。雄龟好动，有追逐异性或同性龟的爱好，特别是在交配季节会咬住雌龟的脖子并爬在其背甲上进行交配。产卵季节为每年的5～9月，其中以6～7月为盛，极个别龟在温暖的冬季也会产出卵子，但均不能受精。三线闭壳龟常在夜间产卵，一般一年只产一次卵，但个别龟会产两次卵。每次产卵约5～7枚。受精卵借助太阳光的热量孵化。在自然界中由于环境多变、敌害较多，孵化率往往很低。人工养殖三线闭壳龟大都是集中收卵，统一孵化。一般孵化环境温度在33℃～35℃，泥沙含水量12%～16%。孵化期为60天左右，孵化率可达90%以上。

由于环境的破坏及人为的过度利用，野生三线闭壳龟已极其稀少，除部分深山老林外，平原丘陵地区早已绝迹。

动物发声器

动物发声的特殊结构。一般有听觉的动物都具有发声器。动物发声的方法多种多样，如果从声音所起的作用来划分，有些声音能作为信号，在同种的个体间交往，用以吸引异性、报警、警吓、避开袭击、求食等，这一类声音具有生物学意义；此外，还有另一种声音，是在动物体进行其他活动时，伴随而发生的声音，它没有什么生物学意义。动物听到不同声音并对之作出反应，有赖于声感受器。

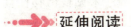

延伸阅读

龟的雌雄鉴别

雌性的龟背甲较宽，尾细且短，尾基部细，肛孔距腹甲后缘较近，腹甲的两块肛盾形成的缺刻较浅。雄性的龟背甲较窄，尾粗且长，尾基部粗，泄殖腔孔距腹甲后缘较远，腹甲的两块肛盾形成的缺刻较深。

周氏闭壳龟

周氏闭壳龟，又名黑龟、黑闭壳龟，属淡水龟科闭壳龟属，主要分布于我国广西、云南。

周氏闭壳龟成体背甲长 160～165 毫米，背甲黑色或土黑色，卵圆形，中央有或无嵴棱，无侧棱，背甲前缘不呈锯齿状，第 9～11 缘盾之间微呈锯齿状，左右臀盾间有极小缺刻，缘盾的腹面为土黄色，散有不规则的黑色斑，背甲各盾片均无同心圆纹；腹甲褐黑色，胸、腹及股盾中央有较大的土黄色斑块，胸盾与腹盾间借韧带相连，腹甲前缘平，后缘圆，肛盾处较窄，中央有较大缺刻，腹甲各盾片均无同心环纹；无甲桥，背甲与腹甲间借韧带相连；有一枚极小的腋盾，无明显的胯盾；头部为淡灰白色，头部较窄，顶部无鳞，皮肤光滑，吻尖而端部圆钝；上喙钩曲，虹膜黄绿色，鼓膜浅黄色，自鼻孔经眼部，达头部后端有一条淡黄色的细条纹，自眼后达头部后端有一条淡黄色的细条纹，两条细条纹的边缘嵌以橄榄绿线纹；颈部皮肤布满疣粒，背部、侧部橄榄绿色，腹部浅灰黄色；四肢略扁，背面橄榄绿色，腹面浅灰黄色，指、趾间具丰富的蹼，爪发达，前肢 5 爪，后肢 4 爪；尾适中。雌性个体尾短，泄殖腔孔距腹甲后缘较近；雄性个体尾长，泄殖腔孔距腹甲后缘较远。

野生周氏闭壳龟的生活习性尚未有详细记录。但从它的形态特征来看，龟生活于山区及山涧溪流、小河处。在人工饲养条件下，周氏闭壳龟喜生活在水中，当环境温度在 20℃ 以上时，能正常吃食；15℃～19℃ 时少动，有时吃食，有时停食；14℃ 以下停食；10℃ 左右冬眠；当环境温度在 5℃ 以上时，周氏闭壳龟能正常冬眠。野生的周氏闭壳龟食性尚未有详细记录，在人工饲养条件下，周氏闭壳龟吃食瘦猪肉、鱼肉、家禽内脏、小昆虫等。未见食植物性食物。每年5～8月为产卵期。卵白色，椭圆形。

周氏闭壳龟自然野生资源本来较少，现数量更稀少，难以采集标本，处于濒危状态。

知识点

泄殖腔

泄殖腔也叫"共泄腔"，动物的消化管、输尿管和生殖管最末端汇合处的空腔，有排粪、排尿和生殖等功能。蛔虫、轮虫、部分软骨鱼及两栖类、单孔类哺乳动物、鸟类和爬行类都具有这种器官，而圆口类、全头类（银鲛）、硬骨鱼和有胎盘哺乳类则是肠管单独以肛门开口于外，排泄与生殖管道汇入泄殖窦，以泄殖孔开口体外。

延伸阅读

幼龟饲养

刚出壳的稚龟比较娇嫩，不宜直接下池，可先让其在细沙上自由爬动，待脐带干脱收敛后，躯体由卷曲变为平直时，再将其放入室内盆、皿中暂养。头一两天因卵黄尚未被吸收尽，不需摄取外界营养。两天后开始投喂水蚤、蚯蚓、熟蛋黄，一日投喂2～3次，每次以吃饱和下次投时无剩余为度，过两天后开始投喂绞碎的鱼、虾、螺、蚌等。每天换水，保持盆内清洁。

周氏闭壳龟稚龟的饲养管理：室内暂养几天后，就可转入稚龟池饲养。入池前要用药物消毒。放养密度每平方米50～80只。饲料要求精、细、软、鲜，以动物性的鱼、虾、螺、蚌、畜禽内脏等为主，辅以植物性的瓜类、蔬菜及麦麸等。有条件的最好投喂蛋白质含量在40%左右的人工配合饲料。投喂应做到"四定"，定时、定位、定质、定量。每天早晚各喂一次，气温较低时每天喂一次。要经常换水，每天换1～2次。

巴拿马金蛙

巴拿马金蛙是一种漂亮的两栖动物，其名字和长相都像青蛙，但其实是一种蟾蜍，学名为泽氏斑蟾。其主要分布于巴拿马的热带雨林区。

巴拿马金蛙一般体长4～5.5厘米，嘴较尖，鼓膜基本不明显。其皮肤较为光滑，体色一般为鲜艳的黄色或橘色，布有明显的黑色斑点，具有警告有毒的功能。其有较细的身躯及修长四肢，内侧及外侧手指或脚趾特别短。巴拿马金蛙日行性，陆栖性，栖息于热带雨林。它们的繁殖期为春季和夏季，其将卵产于雨水造成的暂时性积水或泛滥区。巴拿马金蛙的卵和蝌蚪的成长都颇快，卵孵化成蝌蚪仅需24小时左右。

有趣的是，研究人员发现，巴拿马金蛙有一种特殊的本领——靠手语来进行交流。这一特殊的本领是英国广播公司《冷血生活》电视节目组在一次拍摄中发现的。经常进行野生动物拍摄的资深电视节目制作人希拉莉·杰夫金斯指出，巴拿马金蛙靠轻轻挥动前肢来传递信息的行为非常与众不同。通常他们所拍摄到的两栖动物是用鸣叫来沟通，这是他们第一次发现有两栖动物利用这种方式进行交流。它们不同的手语表达不同的意思，有的是与同伴打招呼，有的是向异性求爱，有的则是恐吓敌人。

巴拿马金蛙

巴拿马金蛙栖息的热带雨林地区，尤其在山区及近河流地区，虽然是远离人居的原始区域，但是这些地方并不宁静，湍急的水流声使得巴拿马金蛙的生活领地充满噪声，影响了同类之间靠叫声进行的交流。因此，它们进化出靠手语交流的特殊能力。

巴拿马金蛙数量曾由于壶菌病的扩散而大幅减少。栖息地的不断缩小以及环境污染也是其数量减少的重要原因。目前巴拿马金蛙属于《华盛顿公约》第一级濒临绝种保育类，禁止进口及饲养。

知识点

手 语

手语是用手势比量动作，根据手势的变化模拟形象或者音节以构成的一定意思或词语，它是听力障碍的人（即聋哑人）互相交际和交流思想的一种手的语言，它是"有声语言的重要辅助工具"，而对于听力障碍的人来说，它则是主要的交际工具。

 延伸阅读

不要小看癞蛤蟆

我国第一部药学专著《神农本草经》就记有癞蛤蟆的性味、归经和主治等方面内容。多少年来，人们采集癞哈蟆耳下腺及皮肤腺分泌物，晾干制成蟾酥。蟾酥是我国的传统名贵药材之一，是六神丸、梅花点舌丹、一粒珠等31种中成药的主要原料。我国生产的蟾酥在国际市场上声望极高，每年出口2 500多千克，可换得外汇500万美元。常见的蟾蜍，只不过拳头大小。可是在南美热带地区，却生活着世界上最大的癞蛤蟆，最大个体长约25厘米，为蟾中之王。蟾王不仅体型大，胃口也特别好，它常活动在成片的甘蔗田里，捕食各种害虫。固此，世界上许多产糖地区都把它请去与甘蔗的敌害作战，并取得了良好成绩。

走投无路的陆地动物

> 陆地上灭绝的珍稀动物是最多的，也许使它们灭绝的因素，不仅仅是环境恶化那么简单，更多的是成了人类贪婪的牺牲品。由于它们的经济价值较高，于是成了盗猎者最青睐的猎杀目标，正是人类的贪欲葬送了它们宝贵的生命。
>
> 每年都有大量的藏羚羊、老虎被人类猎杀，它们灭绝的罪魁祸首就是我们人类。

虎

华南虎

华南虎是中国的特产，它体型比东北虎小得多，额上也有个硕大的"王"字，闪闪发光的一对铜铃大眼睛，显得雄健而威风。

华南虎分布的范围较广，东起浙闽山区，西到川、青边境，北起秦岭、黄河一线，南到岭南地区，东西长达2 000多千米，南北长达1 500多千米。华东、华中都有它的踪迹。国际上叫它"中国虎"、"厦门虎"。

华南虎也是兽中之王，没有敌手。可是，所处的自然环境却没有东北虎优越。因为南方人烟较密，即使较偏僻的山林地区，也离人迹不远，受到捕猎的机会就多；而南方的野兽种类虽多，数量却不大，不仅人类在大量猎取，还有较多的竞争者——食肉动物如豹和豺。因此，华南虎常常跑到村舍去冒险盗食家畜，这就更容易遭到猎杀。

华南虎的数量日益减少，据说，国外饲养的华南虎不过 10 几只，而国内野生和饲养的估计不会超过 200 只。难怪人们要大声疾呼：挽救华南虎。国际组织早把华南虎定为"濒危级"动物。我国在 1977 年也已将华南虎列为第一类保护动物。

华南虎一般重 130～160 千克。过去，美国人卡德威尔在福建打猎，曾射获过 34 只华南虎，其中最大的一只重达 181 千克，这算是很大的了。1953 年在湖南新化射杀的一只雄虎，体重约 100 千克；1964 年在陕西佛坪猎获的一只华南虎，重 190 千克。

华南虎的毛色呈橘黄色，胸腹部和四肢内侧白色中还杂有较多的乳白色，冬毛较短，斑纹较宽，色泽较深，体侧还常常带有菱形纹。

华南虎由于生存条件的不利，维持生计已经不易，繁衍后代就更困难了。在动物园里进行人工饲养，由于虎的生理和心理上的种种原

华南虎

因，交配繁殖也很困难。

重庆动物园饲养的一对华南虎，母虎叫"婷婷"，雄虎叫"威威"，从 1977 年以来，居然每年产一胎。第一胎产 4 仔，因为母虎没有育儿的经验，都夭折了；第二胎产 2 仔，死了 1 只，另 1 只叫"小花"的已经成年，长得很壮健；第三胎第四胎，连续一胎 3 仔，第五胎产下 2 雄 1 雌。这三兄妹，大哥叫"达奇"，贪玩，常常忘记吃"饭"，体重最轻；二哥叫"达野"，性情温和，从不同兄妹争执，喜欢同人接近，体重比哥哥重 2 千克；三妹叫"达芬"，最凶，常常欺侮两个哥哥，骑在它们身上蹦跳。它什么都喜欢吃，饲养员叫它"胖妹"，它一听呼唤，就会打着喷嚏呼噜前来讨吃。

"婷婷"可说得上是虎中的"英雄妈妈"了。它还只 7 岁，5 年中就产下了 15 只小老虎，有 10 只成活。目前还处在最盛的育儿期，至少还可以产上 5

胎，那真是"子孙满堂"了。

人工饲养的虎比野生虎的产仔纪录要高。野生的虎，一般一生可产10仔，成活率也少。据《1978年国际养虎谱系簿》中，有只雌虎263号，一生共产过22窝小虎，计50只。这是世界上虎的产仔最高纪录了。

东北虎

虎为亚洲特产珍兽，在虎类家族中共有9种。我国虎种较多，有东北虎、华南虎、新疆虎、孟加拉虎、印支虎5种。东北虎是世界珍贵兽类之一，它又是虎类家族中的佼佼者，其经济价值、观赏价值和物种价值都很高。尤其是它的物种价值，是很难以金钱计算的。

东北虎主要分布在黑龙江、吉林及辽东一带。它体形大，一般肩高1.5米左右，体长2米多，体重100～150千克。东北虎性情凶猛，以熊、野猪、鹿、獐、狍子、野羊、野兔等动物为食，是名副其实的"兽中王"。东北虎毛为黄色，冬季呈淡黄，夏季呈浓黄，有黑色条状花纹，额上有一"王"字，整个毛色十分好看。它耐寒怕热，有山洞流水的地方，是它理想的住处。

东北虎，在长白山区群众中流传一种风趣的说法，把它叫做"野猪倌"（即放野猪者）。它吃野猪，又不敢轻举妄动。当遇到野猪时，它悄悄地跟在后边，野猪群走到哪里，它就跟着到哪里，好像在放牧野猪。在跟踪中，只要有一只野猪掉了队，它就迅猛扑上去抓住，先咬断野猪的喉咙，然后慢慢吃掉。它采用各个击破的办法，有时能把三五成群的野猪全部吃掉。

东北虎全身都是宝。虎皮是珍贵的毛皮，在国际市场上售价昂贵。虎骨是众所周知的名贵中药材，有追风、定痛、健骨、舒筋的功效。李时珍《本草纲目》记载：虎睛治癫疾；虎须治齿痛；虎皮治疟疾。就连虎的粪便也可以制成"虎肚膏"。

东北虎

东北虎现存数量极少，野生的不到 200 只，属于濒危物种。1972 年，国际自然与自然资源保护联合会出版的"红皮书"，已将东北虎列为"已危"物种，禁止捕猎。我国政府定东北虎为国家一级保护动物，严加保护，不准捕猎。在黑龙江桦南、集贤两县和双鸭山交界建立了东北虎自然保护区；在吉林长白山建立了长白山自然保护区。

知识点

疟 疾

疟疾是经蚊虫叮咬而感染疟原虫所引起的虫媒传染病。临床以周期性寒战、发热、头痛、出汗和贫血、脾肿大为特征。儿童发病率高，大都于夏秋季节流行。疟原虫寄生于人体所引起的传染病。经疟蚊叮咬或输入带疟原虫者的血液而感染。不同的疟原虫分别引起间日疟、三日疟、恶性疟及卵圆疟。本病主要表现为周期性规律发作，在热带及亚热带地区一年四季都可以发病，并且容易流行。

延伸阅读

虎 文 化

清代文人舒位《黔苗竹枝词·红苗》诗："织就班丝不赠人，调来铜鼓赛山神，两情脉脉浑无语，今夜空房是避寅。"（注：红苗惟铜仁府有之，衣服悉用班丝，女红以此为务。击铜鼓以鼓舞，名曰调鼓。每岁五月寅日，夫妇别寝，不敢相语，以为犯有虎伤。）寅为虎，五月寅日若夫妻同房而眠，老虎就会伤害他们。这是一些地方民间流传的避寅习俗。

白虎神是中国古代道教的守护神，原为古代星官名，二十八星宿中的西方七宿，因其呈虎形位于西方，按五行配五色，故称。它也是四方神之一。《礼记·曲礼上》有"前朱雀，后玄武，左青龙，右白虎"的说法。

土家族多信奉白虎神，湖北土家族祭白虎时，掌坛师要用杀猪刀将自己的头砍出血来，滴在纸钱上后，悬挂焚烧。湖南土家族的小孩得尺风病时，往往认为是白虎所致必须请巫师驱赶"白虎"。驱赶时，要在户外放一把椅子，绑上带枝叶的竹子，上捆一只白公鸡，由巫师在室内施法，如果公鸡啼叫，白虎就算赶跑了。

陕西有送布老虎的育儿风俗。小孩满月时，舅家要送去黄布做的老虎一只，进大门时，将虎尾折断一节扔到门外。送布老虎是祝愿孩子长大后像老虎那样有力；折断虎尾，则是希望孩子在成长过程中免灾免难。山西各地则流行送老虎枕头的育儿风俗。每逢小孩过生日，当舅舅的要送外甥一只或一对老虎枕头，既可当枕头，又可当玩具，还表示祝福。

陕西华县一带流行"挂老虎馍"的婚姻风俗。迎新前，男方的舅家要蒸一对老虎馍，用红绳拴在一起，新娘一到，便将老虎馍挂在她颈上，进门后取下，由新郎新娘分食，表示两人同约会。值得一提的是，此馍还有公母之分，公老虎馍的头上有一个"王"字，表示男子要当家为王；母老虎馍的额中有一对飞鸟，表示妻随夫飞。每个老虎脖子前还有一只小老虎，表示祝愿新人早生贵子。

麋 鹿

麋鹿是中国特有的动物，由于它的头像马、身像驴、蹄像牛、角像鹿，故被称为"四不像"。麋鹿是世界上鹿科动物中最为珍贵的一种，它的价值可与国宝大熊猫相比，同金丝猴齐名。

我国的麋鹿在历史上分布地区较广。根据古文献、古地质学和古生物学研究考证，麋鹿历史上在我国分布区大致在东经111°、北纬30°~43°之间，即北界辽宁省康平县，南界浙江省余姚县，西北到山西汾襄，东达沿海诸岛屿。麋鹿繁盛的时期是在三四千年前的商周时代。秦汉以后，随着中原战争频繁和人类活动的扩大，中原地区特别是黄河流域的麋鹿逐渐稀少了，明代以后，野生麋鹿在我国大地上基本绝迹。清朝时期，麋鹿已成为稀世珍兽，仅北京南苑南海子皇家猎苑里有人工饲养的麋鹿。

1865年，法国传教士阿尔芒德·大卫在南苑南海子皇家猎苑非法盗买了两张麋鹿皮和两个头骨并将麋鹿标本弄到法国。1866年以后，几个欧洲国家的驻华使节也通过种种手段，从南海子鹿苑陆续弄到几十只麋鹿，分养在英、

麋 鹿

法、德、比几个国家的动物园里,使欧洲人大饱眼福。1890年,八国联军攻入北京后,南海子猎苑被毁,麋鹿及其他动物全部罹难。从此,中国特产麋鹿就全部消失了。而养在欧洲几个国家动物园的麋鹿,被英国酷爱动物的贝福特公爵十一世花重金购去,养在乌邦寺庄园里。后来,这个庄园的麋鹿繁殖到二三百只,到1984年已增至600余只。

麋鹿在故乡绝迹的情况,引起国内外动物学界的极大关注,许多专家、学者纷纷发出呼吁,希望中国麋鹿早日重返故里,再建家园。在中国国家环保局、北京市政府和英国乌邦寺公园的共同努力下,第一批22头麋鹿于1985年8月,也就是最后一批麋鹿在中国消失85年后,又回到了它们祖先生活的故乡——北京南海子自然保护区。一年后,即1986年8月,在中国林业部和世界野生生物基金会的努力下,第二批39头麋鹿从英国伦敦动物园空运到了江苏的大丰自然保护区。为了加速麋鹿种群的增长,后来又引进了318头。为了进一步野化麋鹿,使它们能真正不依赖人类而生存下去,1992年秋,我国又将南海子的30头麋鹿迁到了湖北省石首市的天鹅洲湿地,即洞庭湖下游长江故道区的一片芦苇沼泽地,这个保护区面积达1 500公顷。

麋鹿在阔别祖国85年后,仍然十分适应故乡的生存环境。到1994年,大丰自然保护区的麋鹿已增至150余头。1995年。天鹅洲保护区也传来喜讯:在完全不依赖人类的情况下,麋鹿种群已顺利产下了第一胎,实现了野化。麋鹿种群在人类的关心下,终于可以世世代代繁衍下去了。目前,全世界有近100家动物园饲养中国麋鹿,麋鹿总量超过了1 100头。

知识点

湿 地

由于湿地和水域、陆地之间没有明显边界，加上不同学科对湿地的研究重点不同，造成湿地的定义一直存在分歧。湿地这一概念在狭义上一般被认为是陆地与水域之间的过渡地带；广义上则被定义为"包括沼泽、滩涂、低潮时水深不超过6米的浅海区、河流、湖泊、水库、稻田等"。《国际湿地公约》对湿地的定义是广义定义。这一定义包含狭义湿地的区域，有利于将狭义湿地及附近的水体、陆地形成一个整体，便于保护和管理。湿地的研究活动则往往采用狭义定义。

延伸阅读

麋鹿保护现状

麋鹿属于国家一级保护动物，国际自然保护联盟（IUCN）红皮书极危级物种。中国麋鹿从1985年首批回归38头，被放养于北京南海子的千亩鹿苑后，逐渐繁衍壮大，迁往长江之畔的湖北石首，从而成功完成回归野外的"重引入"工程。另外，在江苏大丰黄海之滨的一些麋鹿养殖也蓬勃发展，加上全国20几处动物园等饲养的麋鹿，至2001年初，已经达到1 300头，麋鹿失而复得、重新引入的成功是向国际社会展示的中国保护野生动物的成就，是向公众表达人与自然协调发展之可能性与必要性的重要范例。

僧海豹

地中海僧海豹

地中海僧海豹主要活动于地中海、里海、墨西哥、北非的大西洋沿岸加那利群岛。它们的体重260~400千克，体长约250厘米，它们的体形像鱼，头部圆形，身上有又细又密的短毛，背部的毛暗棕色，毛尖黄色，腹面灰色。

大多数地中海僧海豹生活在人迹稀少的沿海地区，它们在海边挖洞，洞口在海里，在洞里休息、繁殖。海豹的性情温顺喜欢在岩礁和冰雪上嬉戏，以鱼和章鱼为食。在水里5~10分钟就把头露出水面，进行呼吸。4~6岁时发育成熟，八月份在水中开始交配，经过11个月的孕期，迎来了生育高峰季节。每次生一头小海豹，下次怀孕要间隔13个月。一般小海豹断奶要长到6个月以上。在饲养的条件下，最长的寿命可达24年。

地中海僧海豹

地中海僧海豹喜欢集群生活，最大的一群曾达50~60头，但是1978年由于洞穴的倒塌，这个大群不存在了。一般的群体20头生活在一起，小的群体5~6头。由于人类的影响，它们的群体越来越小。

人类为了获得它们的皮毛而进行的捕杀，是历史上它们受到威胁的主要原因；现代的捕鱼器械破坏了它们洞穴的海下出口，是它们致危的重要因素；人类活动的干扰，使它们的活动受到限制，只好以在洞里饲养幼仔来代替在开放的海滩上喂养，使幼仔的存活率下降。

另外，雌性的地中海僧海豹是非常敏感的动物，当它怀孕时受到外来的干扰，很容易流产。又由于它们的哺乳期长，幼仔对妈妈的依赖时间长，这段时间，它们很容易受到伤害，也特别容易被捕猎到。在突尼斯、摩洛哥它们的数量已经很少，当地人以杀死它们为乐事。据1999年估计只有600头。

地中海僧海豹无疑是世界上一种极其珍稀的动物，国际自然保护联盟将它们列为"已处在濒危状态必须拯救"的14种动物之一。

保护地中海僧海豹突出的困难是地中海僧海豹的栖息地处在多国公海范围，它的保护区域应怎么确定，涉及了很多国家的政治、经济、社会问题。近几十年来，虽然有关国家就保护地中海僧海豹的问题已经写入了法律，但是由于保护区域的问题，执行起来却是纸上谈兵，可怜的地中海僧海豹的实际处境并没有太多的改善。

夏威夷僧海豹

夏威夷僧海豹主要活动于太平洋夏威夷群岛海域。雄性体长约214.2厘米，体重约172.4千克，雌性体长约233.7厘米，体重约272千克。头部圆形，长有密而细的短毛，在水里显得格外光润，看上去就像僧头。所以得名"僧海豹"。

夏威夷僧海豹的左右外鼻孔间隔较宽，中间有一条沟。它们的体色呈棕黑色，腹面稍浅，前肢的爪发达，后肢的爪退化。它们捕食龙虾、鱼类和腕足动物。繁殖季节，一雌一雄离开大家结成伴侣，在水中交配，妊娠期约一年，3~5月是生育的高峰期。估计现存量不超过500头。

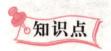

公 海

公海是指国际法上指不包括国家领海或内水的全部海域。1982年《联合国海洋法公约》规定公海是不包括在国家的专属经济区、领海或内水或群岛国的群岛水域以内的全部海域。公海供所有国家平等地共同使用。它不是任何国家领土的组成部分，因而不处于任何国家的主权之下；任何国家不得将公海的任何部分据为己有，不得对公海本身行使管辖权。

延伸阅读

僧海豹的历史

在历史上，僧海豹有着极好的口碑和记载。根据古希腊神话记载，海神波塞冬和太阳神阿波罗都曾保护过僧海豹，因为这种动物酷爱大海和太阳。生活在公元4世纪的亚里士多德曾在文章中提到过僧海豹。克里斯托弗·哥伦布自称，在1494年前往加勒比海的途中曾杀死过8只所谓的"海狼"。迄今保存的僧海豹的化石已有1500万年历史。

袋狸

袋狸是生长在澳大利亚的有袋哺乳动物。身长约30～80厘米，包括10～30厘米长的没有多少毛的尾巴。不过，它身上的毛却很粗，身体也很结实。嘴巴呈锥形，后腿比前腿长，后腿有两个脚趾连在一起。牙齿尖而细长。腹部育儿袋向后张开，里面有6～10个奶头。和其他有袋动物不同的是，雌性袋狸只有一个胎盘，多种袋狸一胎可生2～6个小袋狸，妊娠期为12～15天。

袋狸

袋狸生长在澳大利亚、新几内亚及其附近岛屿，主要食物是昆虫和植物，依靠在地下挖出漏斗型的坑来寻找。喜欢夜间单独活动。当地农民认为袋狸是有害动物而加以捕杀。因此许多种类的袋狸数目都在减少。

目前在澳大利亚比较常见的是长鼻袋狸，这种袋狸外表像鼠，臀部有黑色条纹。兔耳袋狸只能在荒芜干燥的澳大利亚中部能找到。处于濒危状态的还有纹袋狸、沙漠袋狸。长得像小鹿一样的猪蹄袋狸从20世纪20年代起就没有人看见过，也许已经绝种。

知识点

哺乳动物

哺乳类动物（Mammal）。哺乳类是一种恒温、脊椎动物，身体有毛发，大部分都是胎生，并藉由乳腺哺育后代。哺乳动物是动物发展史上最高级的阶段，也是与人类关系最密切的一个类群。

延伸阅读

宽脸长鼻袋狸

宽脸长鼻袋狸是已灭绝的长鼻袋狸。它们最初于1844年由约翰·古尔德（John Gould）所描述，发现时其数量已很稀少。目前只有少量的标本，最后一个于1875年采集。它们在欧洲殖民澳洲前就已经差不多灭绝了。

从亚化石遗骸得知，它们原本广泛分布在南澳州半干燥的沿岸区域至西澳州海岸，最北可能至西北角。对于宽脸长鼻袋狸的习性差不多完全不明。但有一点肯定的是它们不会进入其近亲长鼻袋鼠及长脚袋鼠所栖息的森林。

宽脸长鼻袋狸较其他长鼻袋狸细小，约长24厘米，而尾巴长18厘米。上身呈灰色，而下身呈白色，体形像大家鼠。它们的耳朵细小及较圆，吻短，颊明显肥胖。

大熊猫

大熊猫，是世界闻名的中国稀有特产动物。由于大熊猫是迄今世界上残存的一种古老动物，因此又称之为动物的"活化石"。它在动物学上有极为重要的研究价值。大熊猫分布在我国四川北部、陕西和甘肃南部。

大熊猫的外形似熊，成兽体长150～180厘米，体重150～180千克。雌兽和雄兽在外形上并无明显区别，只是雌兽体形稍小。其尾短，周身毛密而有光泽，眼圈周围、耳前、后肢和肩部均为黑色，其余部分皆为白色。它的性情温顺，体态肥胖，毛色黑白相间，十分逗人喜爱。

大熊猫生活在海拔2 600～3 500米的箭竹茂密的高山地区，夏季迁往3 000米以上的高山避暑，冬季则迁到3 000米以下的低处向阳山坡御寒。它没有冬眠的习性，即使在严冬，仍在山谷游走，外出觅食。它的栖息地总是在浓密的竹丛和伴有流动溪水的地方。

大熊猫原是一种食肉的动物，但为了适应环境的变迁，逐渐改变了食性，成为食肉动物中的素食者。它以食竹类的笋、茎秆和枝叶为主，有时也食芦苇、甘蔗等植物。大熊猫性情孤独，喜独居，只有在交配期间才能见到它们成

大熊猫

双成对地聚在一起，没有固定的巢穴。大熊猫有攀缘避敌的特殊技能。当受惊扰或遇到敌害时，能快速爬上高树隐藏，以保全自己的性命。

大熊猫不仅在科研上具有重要的价值，而且在对外文化交流中也具有重要意义，它已成为友好的象征。我国政府将大熊猫作为友谊的礼物赠送给日本、美国、英国、法国、德国、西班牙、墨西哥等国家。这些国家的政府和人民十分宠爱我国国宝大熊猫，称之为"友好使者"。为纪念香港回归祖国，1999年3月中央政府将四川卧龙中国保护大熊猫研究中心的一对大熊猫"佳佳"和"安安"作为礼物赠送给香港特别行政区政府。

大熊猫和我国其他珍稀动物一样，是大自然留下的历史遗产和宝贵财富。为了积极拯救这种世界珍兽，我国在全国建立了十几个大熊猫自然保护区，在四川卧龙自然保护区内还设立了专门的管理和研究机构。为了防止箭竹、华橘竹周期性地枯死，给大熊猫造成断粮的威胁，开始在保护区内引种和营造各种竹类植物，为大熊猫创造良好的栖息繁衍环境，努力把大熊猫从濒危中抢救出来。

知识点

熊

熊，食肉目，是属于熊科的杂食性大型哺乳类，以肉食为主。从寒带到热带都有分布。躯体粗壮，四肢强健有力，头圆颈短，眼小吻长。行动缓慢，营地栖生活，善于爬树，也能游泳。嗅觉、听觉较为灵敏。种类较少，全世界仅有7种，我国有4种：马来熊、棕熊、亚洲黑熊、大熊猫。除澳洲、非洲南部外，多有分布。

> 延伸阅读

大熊猫的种类

20世纪80年代调查统计的栖息地的面积约为13 000平方千米。根据国家林业局2005年调查报告，现在已经确认将大熊猫秦岭种群认定为大熊猫新亚种。秦岭大熊猫和四川大熊猫在地域上已经分隔1.2万年之久，外形上秦岭大熊猫头部较圆。根据2000～2001年开展的第三次大熊猫调查，秦岭大熊猫的数量（不含1.5岁以下的幼体）有273只。在秦岭山区，除黑白色大熊猫外，还发现过棕色、白色大熊猫。

黄头狨

黄头狨是主要产于巴西东南部比较狭小的区域内的狨类。其头和耳朵上的穗毛呈淡黄色，口吻为白色。眼睛附近的皮肤则为黑色。由于栖息地遭到破坏，目前只存几百只。

黄头狨的体重约0.4千克，生活在森林里，雌性20～24个月成熟，雄性9～13个月成熟。孕期140～148天，每胎1～4个幼仔。野生种类的最长寿命是10年，豢养的种类达16年。

它们吃植物的果实，还可以吃树脂，特别是在水果较少的季节。因此它们可以在相对差的环境下生存。黄头狨把树脂当做主食，这不仅在猿猴世界里十分罕见，就是在整个动物世界中也是件稀罕事。

黄头狨生活在树上，白天活动，一夫一妻，在大家庭里经过较量，有能力的夫妻占统治地位。黄头狨的群体沿袭母系社会的制度，繁殖任务只局限于那位占统治地位的成年雌性，但是其他所有成员，都有义务抚养幼仔，那些不许生育的成年雌性居然能毫无"怨言"地为抚养后代做无私奉献。

黄头狨栖息地的退化和森林的缩小，使它们的生存环境越来越小；黄头狨被用于医学研究、猎捕和对它们的商业贸易也使它们的数量越来越少。

知识点

树 脂

树脂一般认为是植物组织的正常代谢产物或分泌物，常和挥发油并存于植物的分泌细胞、树脂道或导管中，尤其是多年生木本植物心材部位的导管中。由多种成分组成的混合物，通常为无定型固体，表面微有光泽，质硬而脆，少数为半固体。不溶于水，也不吸水膨胀，易溶于醇、乙醚、氯仿等大多数有机溶剂。加热软化，最后熔融，燃烧时有浓烟，并有特殊的香气或臭气。分为天然树脂和合成树脂两大类。

延伸阅读

灵长目

哺乳纲的一目，动物界最高等的类群。大脑发达；眼眶朝向前方，眶间距窄；手和脚的趾（指）分开，大拇指灵活，多数能与其他指（趾）对握。包括原猴亚目和猿猴亚目。原猴亚目颜面似狐；无颊囊和臀胼胝；前肢短于后肢，拇指与大趾发达，能与其他指（趾）相对；尾不能卷曲或缺如。猿猴亚目颜面似人；大都具颊囊和臀胼胝；前肢大都长于后肢，大趾有的退化；尾长、有的能卷曲，有的无尾。按区域分布或鼻孔构造，猿猴亚目又分为阔鼻猴（新大陆猴）类和狭鼻猴（旧大陆猴）类。该目包括11科约51属180种，主要分布于亚洲、非洲和美洲温暖地带。大多栖息林区。灵长类中体型最大的是大猩猩，体重可达275千克，最小的是倭狨，体重只有70克。

金狮狨

在南美洲和中美的森林里，生活着一类小型、低等的猴子，科学家统称它们为"狨"，意思是"矮小"之意。金狮狨，也叫金狨（又名金狮怪柳猴、金狮绢毛猴），是卷尾猴科的一种新世界猴，可算是最美的一种猴子。原产于巴西的大西洋沿岸地区。

金狮狨的体长 20～34 厘米，尾长 31～40 厘米，体重 0.36～0.71 千克。它们最显著的特征是披一身金光夺目的丝状长毛，头部及肩部有鬃毛，耳朵藏在毛下，活像一头袖珍狮子，故有"金狮狨"之称。它们的第二、三、四指之间都有皮膜相连，形成蹼，除了大拇指外，其他各指、趾都有尖爪。下颌长着长獠牙。

金狮狨有一些表亲，如金头狨，毛色黑里带金，头为金黄色；金臀狨则体毛黑色仅臀部是金色的。

金狮狨栖息于热带原始森林中，一般生活在 3～10 米高的树上。白天活动，它们成群地在绿色密林中穿梭时的情景，仿佛到了《西游记》中的花果山上，金色的猴毛和绿色的树叶交相辉映，十分壮观。晚上睡在树洞或树丛中，因为洞口狭小，肉食动物无法进去。它们的洞巢窝底垫着从自己身上扯下的金毛，既美丽又舒适，一个

金狮狨

洞可以住多年。金狮狨主食昆虫和果实，也吃蜘蛛、蜗牛、小型蜥蜴、小鸟及鸟卵等。以家族群为活动单位，每个家庭通常 3 或 4 只。

金狮狨的妊娠期平均为 128 天，于温暖潮湿的九月至次年三月产仔，每胎 1～3 仔。金狮狨有公兽照顾幼仔的习性，三个月后，小猴就可以独立活动了。在饲养条件下，寿命达 15 年。

由于人类为了获得木材、木炭、农场、放牧和开发而使 90% 的栖息地森林遭到破坏，金狮狨这个原始森林里的老住户快要无家可归了，它们正面临着灭顶之灾。动物园和私人收藏也使得野生金狮狨数量锐减，据 1998 年估计野生有 500 多只。金狮狨为濒危动物，保护组织正在采取各种措施防止金狮狨绝种。

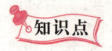

鬃毛

哺乳类中有像狮、马那样在颈部的背侧生有比其他部分不同的较长的毛,这种毛称鬃毛。鬃毛与人的毛发相比,长期不脱。有接受生殖腺激素尤其是雄性激素的支配而成为第二性征的,也有不是这样的。狮属于前者而马属于后者(因而马从雌雄看不出差别)。雄狮的鬃毛3岁就很明显,相反,雌性则不伸长。如将雄性去势则鬃毛也不伸长,但某些地区的雄狮几乎也不生鬃毛。在鬣属中,非洲、印度产的纹鬣也称鬣狗,雌、雄由颈部直达躯干的背部都有鬃毛。

延伸阅读

灵长类起源

在灵长目中最早出现的是一些发现于欧洲和北美的近猴类化石。它们具爪而不具指甲。牙齿为三楔式低冠齿,比较一般化,但门齿增大,似平放的凿子。近猴类多发现于古新世地层。

自始新世开始狐猴类出现,早期的都归入已绝灭的兔猴科,它们的分布范围广,亚洲、北美、欧洲均曾发现。现在狐猴只分布于马达加斯加岛和科摩罗群岛,尚未发现可靠的化石。獭猴(又译瘦猴)现代只生存于东南亚和南亚、非洲撒哈拉以南的热带地区,化石发现于东非的中新世地层。眼镜猴类化石发现稍多。从始新世起发现于欧、亚、北美等地。近猴、狐猴、眼镜猴类常通称为原猴类或低等灵长类。

猴

金丝猴

金丝猴是举世闻名的珍稀动物之一。其体形瘦长,约70厘米,有一条同体长几乎相等的长尾巴，周身披着金黄色的长毛，背部毛长逾30厘米。其毛色华丽，十分逗人喜爱，故享有"金丝猴"的美名。金丝猴的面孔呈天蓝色，脸上长着一对朝天的鼻孔，故又得名"仰鼻猴"。金丝猴动作十分敏捷，善于跃跳攀高，能瞬间从一棵树上跳到另一棵树上，有时还从树上一只一只倒挂起来向下取水。

金丝猴

金丝猴栖息在海拔3 000米左右的高山针叶阔叶混交林中，多生活在人烟罕迹的地方，喜结群活动，少则三五十只，多则几百只。猴群行走时由强壮的雄猴带领，每当遇敌害时，头猴率领群猴迅速逃避。金丝猴住地每年迁移两次，夏季酷热时多住在高山树林中，冬季严寒时则迁往较低处（约海拔1 500米）。其主要食物为野果、松子、嫩芽、树枝和杂草等，是素食动物。金丝猴一般春季交配，怀孕五六个月，每产仅一仔，因其繁殖较慢，所以更加珍贵。金丝猴是我国特产的珍奇动物，分布于西南地区，其产地几乎和大熊猫的产地相同，只是产地范围较广，它和大熊猫等都被列入"红皮书"作为世界珍贵的野生动物予以特别保护。

金丝猴在我国有悠久的历史，考古学家曾在四川万县、贵州和广西的一些山洞里发现过金丝猴的古化石，证明它的出现比北京猿人还早。由于这类猴与人类亲缘较近，因此了解分析其种群结构和信息传递等，对于研究灵长目和人类的进化具有重要意义。

金丝猴不但美观可供观赏，而且它的裘皮细柔轻软，华丽高贵，并可防风湿，过去由于它的价值高，乱捕滥猎的现象较严重，致使原分布西南地区和华中地区的金丝猴越来越少。20世纪末期，国家采取有力措施加以保护，并在其产地建立了自然保护区。

指 猴

指猴是一种长相奇怪的动物，生活在非洲东南沿海的马达加斯加岛，属于当地的特产原猴。

指猴体大如猫，体长36～50厘米，尾长56～61厘米，体重2～2.8千克。指猴的脸长得像狐狸。脸颊及喉部黄白色。口鼻突出，一对膜状的黑色耳朵像蝙蝠一样又大又尖又爱动，眼睛大而且炯炯有神。指猴的上下门齿像凿子，没有犬齿，像松鼠。头较扁，身体细长，身上的毛几乎全是棕黑色。毛从颈部起沿着背部向后，粗糙的长毛和尾巴上的毛连在一起，这在动物中是十分罕见的，甚至绝无仅有。尾巴毛蓬松，像狐狸的尾巴。这种怪兽属于哪一类呢？很长一段时间里，它一直是动物界里公认的兽类之谜。

1780年曾经一度误认为它是一种新的松鼠，后来通过解剖学的鉴定，发现它是一种猴类。

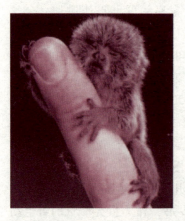

指　猴

指猴由于具备奇特的手指而得名。它们的中指和无名指特别长，细如铁丝，可以用来梳理毛皮，清理耳朵里的杂物和剔牙齿。指猴仅拇指（趾）有扁平的指（趾）甲，其他指（趾）都有尖锐的爪。指猴细如铁丝的中指和无名指还可以用来猎取树缝中的小虫。开始，它们轻轻地沿着树干匍匐爬行，用第三指轻轻敲树干、树枝，促使树皮下的幼虫活动，大耳朵紧贴树皮，听到动静，鼻尖紧贴树皮，用嗅觉确定幼虫的位置，然后便猛烈地挖咬树皮，伸出长长指头上的长爪挑出小虫子，压扁，填入口中。指猴的进食习性颇像树木医生啄木鸟。

指猴栖息于森林、草原和茂密的竹林中，树栖。晚上活动，黄昏到来时，它们开始活跃，拂晓时赶回巢里。白天睡在树洞或巢中。巢筑在大树上有茂密树叶的树杈间。它们能在树（竹）干上跳跃式攀爬；如果下到地面时，它们是四肢齐蹦。以椰子果实和昆虫为食。指猴多数单独生活。

每2～3年繁殖一胎。在巢内产仔，每胎1仔。在饲养条件下，寿命为23年3个月。

传统的马达加斯加岛人因为迷信对指猴很敬畏。但现在，人们则将它看做是死亡的征兆。因此，一旦有人碰上它，认为不把它立即杀掉，必遭厄运。这是指猴濒临灭绝的一个主要原因。当然，由于森林不断遭到人们的毁坏，使得指猴无处生存，它们袭击种植园、偷吃庄稼时，农民也会杀死它们。据1994年估计存活的指猴为1 000～10 000只。

越南仰鼻猴

越南仰鼻猴是一种小型、黑色的仰鼻猴，体重：雄猴15千克，雌猴8千克。体长：雄猴52～62厘米，雌猴51～52厘米。尾长：雄猴82～92厘米，雌猴66～73厘米。它的额头、脸的侧面，脸上长的须子都是白色的，须子很短，额部是浅黄色，面部裸露呈肉色。头顶上的毛不明显，体背、四肢、手足都是黑色的，在它的腿股附近有一白色斑块。越南仰鼻猴的尾比身长，尾是黑色的，尾的尖部有白色的簇毛。

越南仰鼻猴生活在热带雨林里。以植物的树叶、果实为食。树栖生活，喜欢群栖，通常都是雄性组成的单身汉群，也有由一只雄性和多只雌性共同组成的群体。有时这些群也聚集到一起。越南仰鼻猴仅产于越南北部，是中国内地之外的唯一金丝猴家族。

越南仰鼻猴越来越少的原因一是森林的砍伐，二是人们猎杀它们作为食物和药品。另外军事行为，使它们的栖息地大面积的缩小。据1995年估计其数量为130～350只。

越南仰鼻猴是4种与众不同的大型亚洲猴之一，该种1910年被发现，直到后来的50～60年，可能再也没有发现。在1989年重新发现前，许多灵长类动物学家都认为该种可能灭绝。显然，它的数量不多，分布范围不大。目前认为有200只分布在越南北部省份岩溶地区的小范围森林中。根据多年前进行的调查，越南政府建立了自然保护区特别保护这个物种。

绒毛蛛猴

绒毛蛛猴是一种美丽的猴，主要分布在南美洲巴西东南的大西洋沿岸。它们的体长46～63厘米，尾长65～80厘米，体重约10千克。体型粗壮，臂长腿粗，圆圆的头，趾很小。身上毛呈羊毛状，头上的毛短而直，向后生长，尾长，尾梢腹面裸露无毛，适于抓握树枝。毛色随性别及个体而有差异，大多为黄灰色、灰白色或黑棕色。头顶及颈背为栗色。脸及耳裸露部分为肉红色。

绒毛蛛猴栖息于海拔300米的沼泽林区和热带雨林中。白天常在高高的树顶上活动，从不下地。主要以野果为食，也吃昆虫。一般集成6～12只的小群活动。绒毛蛛猴没有固定的配偶，成熟的母猴每年产一仔，小猴3个月内紧紧攀附在母猴的身上。

绒毛蛛猴是不太安静的动物，每天午后常常喧叫不止，或发出低回的鼻音，或发出咕噜的喉音，若还嫌不够，就一起尖叫，有时持续半个多小时，因此好多猴都对它们敬而远之。

因山区开发，原来曾经是绵延数千里的热带雨林，已被破坏得面目全非，只剩下少量的林区，使绒毛蛛猴的栖息地缩小。它们的毛绒厚而密，可制裘，而被人类不断地大肆捕猎，绒毛蛛猴已处于濒危状态。1971年估计尚有3 000只，但目前为700～1 000只。巴西法律已把绒毛蛛猴列为保护动物。

红背松鼠猴

红背松鼠猴，又名赤背松鼠猴，仅仅分布于中美地区，多见于哥斯达黎加和巴拿马沿岸。

红背松鼠猴体长22～37厘米，尾长36～46厘米，体重0.7～2.7千克，身上的毛又短又密，下腹橘黄色，背毛为红色，它们的口鼻、额毛及尾梢都是黑色，耳朵较大毛也多，有较明显的后脑勺，脸庞短圆，腿比臂长，尾巴不能卷起来，只是起到平衡和支撑身体的作用，休息的时候，常常将尾巴围在颈部。

红背松鼠猴生活在海拔1 500米的山林中，以植物的果实为主要食品，昆虫在它们的食谱中占20%。它们生活在树上，白天活动，沿树干奔跑的动作多于跳跃的动作。几十只为一群，成年雌性为首领。幼猴5～6个月断奶后，渐渐独立，和小伙伴一起玩耍，成熟的雄猴，行为越来越粗野，到四五岁的时候就被撵出母子群，加入"光棍群"的行列。交配的猴之间没有固定的关系，交配过后，各奔东

红背松鼠猴

西。红背松鼠猴的孕期是 168～187 天，每胎产 1 仔。

红背松鼠猴母猴之间的关系往往随和融洽，公猴之间为了争夺配偶充满了敌意，通过打斗来争出胜负，地位高的猴可以对下级咆哮一番，再用手触摸对方的头、背，甚至站到下属的身上，这是一种仪式化的等级行为。

农业、旅游、畜牧业的发展使红背松鼠猴的栖息地缩小；杀虫剂的使用，破坏了生态环境；人类猎捕它们作为宠物进行贸易；周围的高压线也常常电死它们。据 1997 年估计红背松鼠猴总数约为 3 500～4 500 只。

狮尾猕猴

狮尾猕猴分布于印度南部范围很小的山地。它们体重 7～15 千克，身体长 25～38 厘米，它们的前臂和腿一样长，皮毛黑得发亮，面部肉色，没毛，眉骨很高，眼窝深陷，臀部有一圈红色，两颊有暂存食物的颊囊，看上去鼓鼓的。脸的周围有一圈灰黑色的鬃毛，尾尖有一小撮毛，这两点都很像狮子，因此称它们为"狮尾猕猴"。

狮尾猕猴栖息于热带森林中，是杂食性的猕猴，以植物性食物为主。白天活动，行动敏捷，既在地面活动，也在树上生活。狮尾猕猴群居，每群由 4～34 只组成，其中有 1～3 只成年的雄猴。全年繁殖，孕期 6 个月。在每个家族中由一只成年的雄猴做首领。

在猕猴群里经常发生"政变"，为了获得王位，雄猴们会进行殊死的搏斗，其间充满了血腥。原来的猴王，一旦败下阵来，要么为副猴王，要么去另立门户。它们的智商很高，可以预谋策划地位的争斗。在猴王下面，还有老大、老二。在猕猴的世界里，阶级地位"森严"，也因此"杀机"四伏。

农业、种植业的发展，使狮尾猕猴的栖息地缩小，以前它们还大量地被捕获用于商贸、动物园观赏、科学研究以及药材，数量已经非常稀少。据 1998 年估计不超过 5 000 只。已被列为濒危动物。

狮尾猕猴

白臀叶猴

白臀叶猴因雄猴在臀部有一块三角形的白斑而得名,它是世界上最美丽的猴子之一,主要分布于越南、老挝。1893 年中国曾在海南获得过白臀叶猴的皮,但未证明是海南所产。

白臀叶猴体长 61～76 厘米,尾长 56～76 厘米,体重平均 10 千克。它们的体色绚丽多彩。头顶为棕色,耳下有明亮的栗色带。最显著的特征是颈部围以黄色和黑色领毛,下颌有红色簇状长毛。脸部多数为黄色,极少数为黑色,胡须白色;背部暗灰色。臀部和后部白色,上臂、大腿、手、足为黑色,前臂白色,小腿栗色。它们的鼻孔朝上,鼻梁平滑,深褐色的眼睛杏仁状。

白臀叶猴

白臀叶猴生活在海拔 2 000 米的热带雨林中。完全生活在树上,几乎不下地,不喝水。白天活动。以树叶为主食,也吃水果、花朵,舐吃枝叶上的露珠。在树上行走,也善于跳跃,一纵 6 米,动作优雅。一般以 4～15 只为群,每群雌雄比例 1∶2。白臀叶猴的孕期约 65 天,产仔高峰期为 2～6 月,每胎一仔。

白臀叶猴的雌猴常为雄猴理毛,这对联络个体间的感情,维系群体成员关系起着重要的作用,是一种重要的社会行为。

白臀叶猴是稀有珍贵动物。因毛皮可制裘,而遭人类的捕杀。目前处于濒危状态。

光面狐猴

光面狐猴是灵长目原猴亚目的一科,通称大狐猴或原狐猴,是狐猴类中体型最大的种类。它们主要分布在马达加斯加岛。它们身材苗条,四肢修长。体长 61～90 厘米,尾巴极短,长仅 5～6 厘米,体重 6～15 千克,最大的重达 20 千克。鼻吻相对较长,黑色的鼻子上无毛。眼大,耳大,突出于毛丛。全身有浓密的长毛,富有光泽。毛色多变异,多为黑白两色,腹部、前臂、后肢后部

光面狐猴

和臀部为白色,脸、耳朵、背、手、足、上臂及后肢前部为黑色。

光面狐猴栖息于山地雨林中。完全生活在树上。太阳升起两小时后,开始活动。善于在树干及枝干间跳跃。在地面上,能高举双臂,直立跳跃前进。平时很隐蔽,很难找到它们。它们以树叶、花和果实为食。一般以2~5只的家族群为活动单位,一夫一妻加上它们的子女。7月产仔。每胎1仔。母猴每隔2~3年繁殖一胎。

光面狐猴用尿及分泌物标记家庭领地。光面狐猴最有特色的是声音通信。它们的喉囊结构特殊,可以扩音,因此声很洪亮,像是人的哭泣声和狼的嚎叫声,使人听得毛骨悚然。叫声常常持续1~2分钟,人们在2千米外也能听到,这是结群、占有领域的一种表示,也是受到威胁时的一种反应。它们除了吃植物外,还爱吃鸟的脑,这在动物世界里是少见的。光面狐猴家庭情调安逸,常常相敬如宾地互相理毛。

光面狐猴是珍贵稀有的动物。毛皮可制裘,因此受到人类的猎捕;生态环境的恶化使现存的数量锐减。据估计数量不足10 000只。光面狐猴的产地马达加斯加岛规定禁猎光面狐猴。

毛狐猴

毛狐猴是狐猴中体型最小的一种。主要分布马达加斯加岛。毛狐猴体长30~33厘米,尾长32~40厘米,体重600~700克;最大个体重1 300克。毛绒很厚,像羊毛一样,头部近圆形,耳朵小,隐于毛中;脸上布满了短毛。眼睛大,给人一副双目圆睁、惊恐不安的神态。毛色变异大,一般为棕灰色,四肢色浅,手和足白色,尾带红橙色。有些近乎全白,有些则带红色。

毛狐猴

毛狐猴栖息于雨林中的树上，很少下地活动。在树上，它们几乎保持直立的姿态，用四肢抓住树干，挺直躯体，尾巴像钟的发条那样卷曲着。喜欢夜间活动。在地面时，能直立，举起双臂跳跃前进。主要以树叶、枝芽和树皮为食。2～4只为一群活动。7～8月产仔。每胎1个。

人类大量砍伐树木，它们的生态环境遭到严重的破坏；加上它们的肉味鲜美，毛皮可以制裘，因此被大量捕杀，正面临着灭绝的危险。

阔鼻驯狐猴

阔鼻驯狐猴的体重在2.4千克以上，它们体型比一般的狐猴大，体长达45厘米，毛色棕绿，头顶与背部色深偏红，骶椎部有一赭色斑块。颈部和肘部有嗅腺，雄性嗅腺尤其发达，它的存在，能使周围的树林充满芳香气味。它们还能利用嗅腺传递信息。

阔鼻驯狐猴生活在潮湿的竹林和沼泽地带，分布区域极其狭小，很久以来被认为已经绝种，1972年以后才重新发现活体。其主要分布区域是马达加斯加岛。以竹子为食，也吃植物的花、果实、叶子。仅在晨昏活动，善于跳跃，喜欢群居，每群4～12只。擅长游泳，游泳时母猴把小猴驮在背上。

阔鼻驯狐猴生活的环境由于土地的开垦，植物被砍伐和烧毁，特别是它们的主要食物竹子越来越少，使它们的生存受到严重的威胁。据1994年估计仅存1 000只。目前处于濒危状态。

环尾狐猴

环尾狐猴是动物园里最常见的一种狐猴，主要分布在马达加斯加岛。它体形健美，大小如猫，脸长得像狐狸，发出的"咪咪"声和猫的叫声相似，所以也称它"猫狐猴"。

环尾狐猴的体长45～50厘米，尾与体等长或更长，体重约2.8千克。长着两只柠檬色的大眼睛，耳朵呈三角形。棕灰色的体毛厚密，柔软，腹部较浅，一条有黑白相间节环的长尾巴可以绕到自己的脖子上，也常常旗帜般地翘在身后，因此叫它"环尾狐猴"或"节尾狐猴"。

环尾狐猴的鼻子和手脚裸露部分都是乌黑发亮的，而且是狐猴中唯一足跟下没毛的种类。

环尾狐猴生活在森林中，属于半地面生活，与其他树栖猴类不同，常在树木稀少而多岩石的山上活动。多以12～24只为群生活，用分泌物在突出物体上标记自己的领地。它们夜里活动，但与其他狐猴一样，常在阳光下腆着肚皮晒太阳，享受日光浴。睡觉时，身体蜷缩成团，把头和手臂埋在两腿之间，尾向前伸达背部。它们善于跳跃。主食野生无花果、香蕉等，能用门齿去掉外皮，也吃嫩叶。

每年3~4月份环尾狐猴开始交配，经过120~135天的妊娠期，8~9月份产仔，每胎一仔，偶尔有双胞胎，幼猴出生后头几天趴在母猴的腹部，一周时便爬到母猴背上或其他雌猴身上，一个月时便能独立活动，6个月时，就可以独立生活。寿命至少18年。

环尾狐猴

环尾狐猴群内有严格的社会等级。在食物和空间支配方面，雌猴地位高于雄猴，年长的雌猴地位最高。

环尾狐猴经常成群在森林底部挤着休息、嬉戏和梳理体毛。母猴对孩子格外疼爱，总是怀抱幼仔，还不时地用鼻子吻它们。外出时，母猴用背驮着小猴，一起"旅行"，时时保护着它们。

环尾狐猴身上有三处臭腺，分泌的臭液可以作为路标和领地的记号，而且，还用做攻击敌人的武器。科学家在考察时目击过几群环尾狐猴在领地边界发生冲突，就以此种方式，连珠炮似的放出臭气，还将多毛的尾巴极力向背部甩动，好把臭气扇向来犯者，争斗达一个多小时。

由于原始森林被大量破坏，栖息地不断缩小，加上人类不断地狩猎，环尾狐猴的数量越来越少。

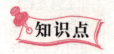

化石

化石是存留在岩石中的古生物遗体或遗迹，最常见的是骸骨和贝壳等。研究化石可以了解生物的演化并能帮助确定地层的年代。保存在地壳的岩石中的古动物或古植物的遗体或表明有遗体存在的证据都谓之化石。

➡️ 延伸阅读

猴岛

南湾猴岛位于海南省陵水县南湾半岛上，三面环海，是我国也是世界上唯一的岛屿型猕猴自然保护区。岛上除了有热带植物近400种，动物近百种，原始的自然环境和2 500多只家国二类保护动物猕猴外，现居住着21群千余只猕猴，因此人们称之为"猴岛"，是我国唯一的岛屿型猕猴自然保护景区。

狒 狒

狒狒是非洲热带草原最著名的猿猴类，主要分布在喀麦隆、尼日利亚、坦桑尼亚。它的面貌丑陋，颜色奇特，脸上有的是黑色，有的是鲜蓝而透紫，并长着深红色的鼻子，它们的吻部突出，外形很像狗，但眉骨很高，两眼深陷，身体强壮，四肢短粗。

狒狒的种类很多，有阿拉伯狒狒、阿努比狒狒、黄狒狒、几内亚狒狒、狮尾狒狒等。不同的狒狒毛色不同，一般雄狒狒有较大的身躯，较长的脸部，以及双肩上披有狮状的长毛。它们半地面生活，大多数时间在地面上活动。群居，喜欢生活在半沙漠地带树木稀少的石山上，每群20～60只，多的也有达数百只。它们的大部分食物是植物，也吃一些昆虫类的动物，5岁性成熟，全年繁殖，孕期7个多月，每年只产一仔，幼仔长到6～8个月开始断奶。最长

走投无路的陆地动物

的存活 29 年。

狒狒是一种等级分明的动物，家族规矩很多。家族首领通常是一只身体最强壮，毛色最漂亮的雄狒狒。它只要低吼一声，别的狒狒立刻俯首听命。通过梳毛行为就可以观察出它们的各自阶级地位。当地位低的狒狒讨好首领时就给它梳毛。

狒狒

每天早晨起来，每个家族的狒狒沿着一条固定的路线出去活动，晚上又都回到固定的树林里睡觉。在狒狒家族行动时，首领在队前领路，雌狒狒和年轻的狒狒跟在后面，幼狒狒和怀孕的狒狒夹在中间，最后由强壮的雄狒狒压阵。

狒狒会用石头做武器，但决不会用它攻击伙伴。雄狒狒之间为了争夺首领的地位也经常发生争斗。狒狒家族中一般也有"尊老爱幼"的规定。

狒狒总是沿着固定的路线到有水源的地方去饮水，因而成为一件十分危险的事情，因为狡猾的狮子和巨蟒掌握了狒狒这一规律，常常在水源处等着它们的到来，因此每次饮水狒狒都要做出周密的计划。由强壮的雄狒狒任先锋队，遇到危险就和敌人做殊死搏斗。

由于人类乱砍滥伐使森林减少，农业的发展使狒狒的栖息地缩小是它们致危的主要原因。据 1999 年统计狒狒还剩 3 000 只。

知识点

巨蟒

蟒蛇是当今世界上较原始的蛇种之一，在其肛门两侧各有一小型爪状痕迹，为退化后肢的残余，现为国家一级重点保护的野生动物。蟒蛇还是世界上蛇类品种中最大的一种，长达 5~7 米，最大体重在 50~60 千克。属无毒蛇类。

延伸阅读

狒狒的智力

美国依阿华大学的科学家发现，狒狒具有复杂抽象推理的能力，而这种能力，必须建立在类比思维联系基础上，这种思维联系是人类智能和推理能力的基础。这一发现将对研究人类智力进化过程有重大的促进作用。

肯·瓦斯曼教授说，在这个发现以前，还没有证据表明除了人类和黑猩猩之外的动物具有抽象思维能力。当然狒狒有这种思维能力并不表明它可以等同于黑猩猩。

因为狒狒没有语言能力，所有这一发现将利于专家研究语言是否影响智力及如何影响智力。

长臂猿

黑长臂猿

长臂猿应该算是最高等的动物了，从形态和解剖学上看，它接近猿类中的猩猩，同猴类较远；在进化的位置上，它介于猩猩和猴子之间，而偏近于猩猩。可是，长臂猿在智能上明显地不如猩猩。它们树栖活动的灵敏性和速度却更像猴子。

长臂猿生活在我国云南南部、海南岛和东南亚的热带、亚热带森林中。它们是双臂攀树行进的能手，体态轻盈，手臂和手指纤长，很适合在树上行动。它们的腕、臂和腰特别适应于在行进中抓住东西和换手等动作。

在海南岛坝王岭自然保护区的密林深处，栖居着一种黑长臂猿。它周身披着黑毛，个头瘦小，高约1米，没有尾巴，没有臀疣，面部露出，前臂特别长，两臂伸展开来，约有1.5米。直立时，双手几乎下垂到地面，比任何灵长类动物都长。

在热带密林深处，每当清晨的时候，黑长臂猿总是要发出一种"呜—呜—呜""唔—唔—唔"的啼叫声，叫声很有规律，先短后长，最后以短促的声音结尾,戛然而止。声音高吭尖厉,由远而近,逐渐加快,在山谷中回荡着,几里外都能听到。

黑长臂猿为什么要发出这种高昂而响亮的啼叫声呢?原来,它们以家族式小群体活动,一般每个小群三四只,一夫一妻,加上一两只中小猿。它们生活的地域性很强,每群都各有自己的"地盘",不准擅入。如果有异群侵入,就会发生争斗。啼叫既是群体内相互联络的一种信号,又是相互警戒、保卫自己领域的一种警告。

黑长臂猿家族中也有严格的等级关系,一只雄长臂猿为"首领",其他的都要看首领的眼色行事,看到它都要让路,小声叫唤,哈腰致礼。相互之间,富有感情,见面又喊又叫,又搂又抱。如果同类一只被猎人打伤了,它们并不四散逃跑,而是聚集一起,予以救援。如果群体中有一只死去,会沉痛地默不作声地表示"哀悼"。

黑长臂猿营树栖生活,很少在地面活动。在树上真是行走如飞,一只手攀住树枝,双腿一缩,摆动身躯,像荡秋千似的,一撒手就抛到空中,另一只手立即抓住另一枝树枝,一下子就能荡越八九米空间,转瞬间就消逝在百米以外了。它们以植物果实为主食,无花果、芒果、葡萄、李子和荔枝是家常便饭,也吃些昆虫、鸟蛋和小鸟。长臂猿判断能力的精确,行动上的灵敏技巧,令人吃惊。它能腾起后用一只手抓住空中的飞鸟,而另一只手去抓住看准的树枝。有时,它在跳跃时,脚下的树枝断了,就在空中稍一回旋,转过身来,抓住了剩下的断枝,荡了一圈,然后跃到另外一棵树上。它那用长臂飞速前进的优美姿态,不愧是猿类中最优秀的高空杂技演员。

黑长臂猿头顶上竖立着黑色长毛,像戴了顶"冠帽",所以又叫"黑冠长臂猿"。雌雄不同色,成年雄猿为黑色,雌猿为灰黄色,体毛富有光泽。幼猿的皮毛为黄褐色。

黑长臂猿在地面上,双臂就不中用了。可是,它也能用双腿奔跑,逃避险境,走起路来显得滑稽可笑。高举长臂,仿佛"投降"的姿势,保持身体平衡,摇晃蹒跚而行,也能用指尖轻轻着地快速奔跑。

据黎族人民传说,黑长臂猿还会"酿造"猿酒。它们把稻米和稻花放置在岩石洞穴中,每一石穴可酿酒两3千克。猿酒醇厚带辣味,可以补气血,壮筋骨,祛风湿,散淤止痛,延年益寿。当地还传说吃了长臂猿,有"防老长生"的功用,因而成了猎人猎杀谋利的对象。

20世纪50年代,海南岛还有野生黑长臂猿2 000多只,由于肆意捕杀,现在只有七八个小群、30只左右了。我国政府已将它列为一类保护动物，建立坝王岭、尖峰岭保护区予以保护。

银长臂猿

银长臂猿

银长臂猿的体重约6千克，身上的毛长而蓬松，毛色银灰色，所以得名银猿。但头顶的毛和胸毛呈黑色，脸、耳朵也是黑色的，没长毛。眉是苍白色的。初生的幼猿几乎没毛。

银长臂猿栖息在低地、丘陵和山上的森林里。银长臂猿每隔2~3年生下一只幼仔，孕期7~8个月。它们以植物的果实和叶子为食，生活在树上，并且选择高大的树。银长臂猿白天活动。有单个成年或两个成年生活的，也有几个一群活动的猴群。

银长臂猿主要分布在印度尼西亚爪哇岛的西部。

由于人类对森林的破坏，银长臂猿生活的爪哇地区现在仅剩下了4%的原始森林。栖息地的缩小使它们面临着巨大的生存威胁。据估计目前它们的数量在200只以下。

知识点

黎 族

黎族是中国岭南民族之一。根据2000年第五次全国人口普查统计，黎族人口数为1 247 814人。以农业为主，妇女精于纺织，"黎锦"、"黎单"闻名于世。民族语言为黎语，属于汉藏语系壮侗语族黎语支，不同地区方言不同。在接近汉族的地区和各民族杂居的地方，黎族群众一般都能讲汉语（指海南方言）、苗语等，同时黎语也吸收了不少汉语的词汇，尤其是新中国成立后吸收的有关政治、经济、文化各方面新词汇就更多了。黎族没有本民族文字，建国后逐渐通用汉文。1957年曾创制拉丁字母形式的黎文方案。

延伸阅读

长臂猿与人类的亲缘关系

长臂猿和人类有着亲缘的关系，它的形态构造、生理机能和生活习性比较接近于人类。它们是中新世时的上新猿的后代，身材较为矮小，但与人类的亲缘关系十分密切，是研究从猿到人的进化过程的重要材料，也是灵长类研究的重要课题。

它们在身体构造上有许多方面和人类极为相似，例如牙齿都是32颗；胸部只有一对乳头；大脑和神经系统都很发达；血型也有A型、B型、AB型，只是缺少O型。它们细胞中的染色体数目也和人类相近，有22对，比人类的只少一对。它们的妊娠周期比人类的短，大约为210天；月经周期和人类的相差不多，都是30天左右；胚胎发育过程与人类的胚胎保持相似的时间也最长。因此，长臂猿科动物是动物学、心理学、医学、人类学、社会学等学科的研究对象之一，具有非常重要的价值。

猩猩

黑猩猩

在非洲的原始森林里，生活着当今世界上最聪明的动物——黑猩猩。

黑猩猩属灵长目动物，身长1.2～1.4米，没有尾，毛色深黑，上臂和前臂的毛都顺肘部生长，它脑虽然比人小，但结构却很相似，它能够把木箱叠起来，爬到上面，去取悬挂在高处的香蕉，它也有喜、怒、哀、乐的表情。经过训练的黑猩猩可以学会使用锄头和锯，会用吸尘器清扫地毯，还会换灯泡和开罐头，甚至还能学会使用符号语言和手势。黑猩猩和人类的基因相似度达98.77%（最近有些研究为99.4%），所以亦有学者主张将黑猩猩属的动物并入人属。

黑猩猩过着群居生活。食物主要以吃植物的果实、树叶、幼芽、花卉等，有时也吃昆虫和兽肉。黑猩猩之间还能通过不同的表情、姿态、手势和发出不

黑猩猩

同的声音来交流情况和表达感情。

由于死亡、受伤和人类活动而影响其栖息地质量，导致在过去的二三十年间这一物种明显减少。因此，黑猩猩被列入《濒危物种红皮书》。

红毛猩猩

红毛猩猩仅产于亚洲的苏门答腊岛和加里曼丹岛有限的密林中。

红毛猩猩一般身高1.3～1.4米，体重70～80千克，雌猩猩比雄猩猩个体小。猩猩身上的长毛，稀疏、柔软，看上去好像患了毛发脱落症。毛色呈红褐色，所以也叫赤猩猩或红猩猩。

红毛猩猩的体型又矮又胖，很不匀称，两臂很长，下垂可以到脚面，展开可以达2米多长，可是，猩猩的两条腿却又短又弯。年老的雄猩猩腮帮子生出两大块皮囊，上面长满了胡须。好多成年的雄猩猩还有下垂的喉囊，头挺大，可是眼睛、鼻子、耳朵都很小。五官中数嘴巴最大，横宽的嘴，下颚肥大、嘴唇特厚，塌鼻子。从它的整个形象看，简直是个小老头，而且越老越丑。

红毛猩猩生活在原始的热带雨林中。从接近海平面的沼泽森林到高山森林，都有它们的足迹。猩猩平时主要生活在树上，除了饮水、觅食外，很少下地，因而获得了"最大树上居民"的称号。它们在树上悬荡，动作慢慢吞吞，绝无跳跃之举。偶尔下地，在地面上活动时，四肢并用，上身靠长臂支撑。走路的姿势就像架着双拐。

红毛猩猩以热带植物的果实为主要的食物，有时候也吃一些植物的嫩叶，甚至树皮、昆虫和一些小的无脊椎动物。白天活动，特别是清晨和下午是它们活动的高峰期。它们可以使用工具，说明了它们的智慧。比如，夜晚，它们用小树枝在树上搭一个平台，在上面睡觉，第二天，它们再搭一个新的，有时候也重复使用。

红毛猩猩虽然长得丑，但却是一种文雅、温顺的动物。它们的社会性不强，成年猩猩不善于交往，性情孤僻拘谨，只是在它们交配时，才会组成临时的家庭。成年的雌猩猩比成年的雄猩猩擅长交际一些,有时偶尔结伴。15 岁左右的猩猩,似乎乐意与同龄异性结伴而行,可能是青春年少的原因。

雌性大约 7 岁性成熟,雄性成熟较晚,因此,13～15 岁才具有生殖能力。通常每胎一仔,偶尔有两仔。孕期 233～264 天。它们的生育间隔一般 6 年,在类人猿中是最长的。3 岁半时小猩猩才断奶,断奶后的 3～4 年中,它们逐渐开始学习独立生活,有时会离开群体和雌猩猩。7～10 岁时青春期的到来使它们完全摆脱了对群体和雌猩猩的依赖。红毛猩猩最长的寿命为 60 岁。

红毛猩猩

猎杀、捕获红毛猩猩及进行交易,特别是为了捕获小猩猩,捕获前还要杀死大猩猩,使它们的数量减少;森林的砍伐,严重破坏了它们的栖息地,使它们无家可归,以致今天红毛猩猩已经到了濒临灭绝的境地。

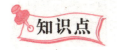

基因

基因(遗传因子)是遗传的物质基础,是 DNA(脱氧核糖核酸)分子上具有遗传信息的特定核苷酸序列的总称,是具有遗传效应的 DNA 分子片段。基因通过复制把遗传信息传递给下一代,使后代出现与亲代相似的性状。人类大约有几万个基因,储存着生命孕育生长、凋亡过程的全部信息,通过复制、表达、修复,完成生命繁衍、细胞分裂和蛋白质合成等重要生理过程。基因是生命的密码,记录和传递着遗传信息。生物体的生、长、病、老、死等一切生命现象都与基因有关。它同时也决定着人体健康的内在因素,与人类的健康密切相关。

延伸阅读

猩猩的发展历史

分子学的研究表明,猩猩是在1 400万年前从祖先那里分化出的,它的祖先也是非洲猿类和人类的祖先。与中新世后期(1 200~900万年前)的南亚西瓦古猿非常相似,人们普遍认为它们是现存猩猩的祖先。

体型巨大的更新世(100万年前)猩猩出现在中南半岛,而体型比现代猿类大30%的亚化石猩猩(4万年前)出现在苏门答腊岛和婆罗洲的岩洞里。

更新世时期,爪哇也生活着比现存猩猩体型比较小的猩猩。早期的猩猩有可能更适应地栖的生活,但是现存猩猩的树栖生活方式证明了它们很长一段历史时期都生活在森林的顶部。

大犰狳

大犰狳,又名巨犰狳或者王犰狳,是犰狳中体型最大的一种,主要分布于南美安第斯山脉的中部,从委内瑞拉到阿根廷都有它的分布。以玻利维亚产的最多。

大犰狳像是一名披挂上阵的士兵,因为身体的前段和后段是由骨质鳞甲结成的不能伸缩的整体,好像士兵穿的坚硬盔甲,中段的鳞甲分成许多节儿,并有筋肉相连,可以自由伸缩。它们的重量约55千克,最大的体长1.5米,嘴尖,耳朵较大,尾巴末端尖细。

大犰狳生活在南美热带雨林和草原上。主要吃白蚁、蚂蚁以及昆虫和蠕虫,此外还吃动物的尸体和腐肉。它们喜欢

大犰狳

独自生活，夜里出来活动，经常挖洞藏身。犰狳遇到攻击时，就把身体拱起来，或者就地挖洞，躲藏起来。

大犰狳每年生一胎，孕期4个月，一个半月大小的幼仔就断奶了。

生态环境恶化使大犰狳难觅家园；大犰狳挖昆虫找食物、挖洞藏身都危害农作物，因此被当地居民捕杀；犰狳的肉味鲜美，鳞甲可以制成钱包和玩具也是被大量捕杀的一个重要原因，目前它们已经变得十分稀有。

白 蚁

白蚁亦称虫尉，坊间俗称大水蚁（因为通常在下雨前出现，因此得名），等翅目昆虫的总称，约3 000多种。为不完全变态的渐变态类，并是社会性昆虫，每个白蚁巢内的白蚁个体可达百万只以上。

腐肉爱好者秃鹫

秃鹫吃的大多是哺乳动物的尸体。哺乳动物在平原或草地上休息时，通常都聚集在一起。秃鹫掌握这一规律以后，就特别注意孤零零地躺在地上的动物。一旦发现目标，它便仔细观察对方的动静。如果对方纹丝不动、它就继续在空中盘旋察看。这种观察的时间很长，至少要两天左右。在这段时间里，假如动物仍然一动也不动，它就飞得低一点，从近距离察看对方的腹部是否有起伏，眼睛是否在转动。倘若还是一点动静也没有，秃鹫便开始降落到尸体附近，悄无声息地向对方走去。这时候，它犹豫不决，既迫不及待想动手，又怕上当受骗遭暗算。它张开嘴巴，伸长脖子，展开双翅随时准备起飞。秃鹫又走近了一些，它发出"咕喔"声，见对方毫无反应，就用嘴啄一下尸体，马上又跳了开去。这时，它再一次察看尸体。如果对方仍然没有动静，秃鹫便放下心来，一下子扑到尸体上狼吞虎咽起来。

兔

阿萨密兔

阿萨密兔

阿萨密兔,又名有刺的野兔,主要分布于孟加拉、印度和尼泊尔喜马拉雅山南坡山麓地带。

阿萨密兔的重量约2.5千克,体长约46厘米,尾长约3厘米,耳朵又短又宽,眼睛小,它们的后肢短而粗,而且长度很少超过前肢的,爪长,齿大。阿萨密兔的背部由黑色和棕色的毛混合形成棕黑色,腹面淡棕色。尾的背面暗棕色,腹面棕色。

阿萨密兔栖息于林区、草原、竹丛里。以树皮、草的嫩芽和根为食,偶尔也吃农作物,它们不喜欢结群,有时是一对生活在一起。它们的行动较缓慢,自己并不挖洞穴。每年的1~3月份繁殖。

耕种、造林、放牧、放火烧荒和人类的居住使阿萨密兔栖息地减小;为保护作物和食用兔肉而打猎以及狗的捕食都是它们数量减少的因素。

墨西哥兔

墨西哥兔是兔子中最小的一种,因仅仅生活在墨西哥中部4个火山口处,又得名火山兔。

墨西哥兔耳朵短圆,约4厘米。体长27~35厘米,尾退化不明显,残留一点儿。体重0.39~0.6千克。墨西哥兔的皮毛短而密。背面和侧面是微黄色和黑色混合的毛,耳基部是浅黄色的,腹部是亮黄色和灰色的绒毛。

墨西哥兔

墨西哥兔生活在海拔2 800~4 250米的高山森林里，森林的低层长着茂密的草和灌木丛，冬季干燥，夏季多雨。草丛、河道、岩石下都有它们的洞穴。洞穴的系统复杂，有许多洞口，可谓"狡兔三窟"。

墨西哥兔主要吃植物的叶子。它们喜夜里和晨昏活动，平时多在草丛、河道、洞穴待着，白天也能见到它们的影子，特别是阴天时。

一般在一个洞穴中生活着2~5只墨西哥兔。洞穴里有用草、枯叶或兔毛铺的窝。每年3~7月份是墨西哥兔高产出生的季节，孕期40天，一窝可以生1~4个仔。

由于人口的发展而占地、森林的砍伐、过度的放牧使墨西哥兔的栖息地不断地减少；人类的狩猎、森林大火都是它们致危的因素。野生种数量不到1 300只。有关的兔类专家组织已经制订了一个计划，其中心是在它们的栖息地控制森林大火和人类的过度放牧，从法律上禁止捕杀、贸易墨西哥兔，设立保护区等。

山麓

山坡和周围平地相接的部分为山麓。这个地形转折线常常是一个过渡的地带，山麓常为厚层的松散沉积物所覆盖，被称为山麓带。在不同的气候条件下，山麓带的特点也不同。例如，在高寒地带，山麓往往为滚石或冰雪所覆盖，景象荒寒。在温带，山麓带或泉水露头，溪流汇集；或田畴梯布，植被繁茂。山麓带从上到下，松散堆积物逐渐加厚，根据堆积物各层的成分、结构、时代、成因、往往能推断山岳的演变历史。

关于兔的习俗

宋代陶谷《清异录·馔馐》："犯羹，纯兔。"兔为生肖，属犯，古人称兔肉汤为犯羹。

在汉族有生育忌兔肉的习俗，因为兔子豁嘴，所以孕妇妊娠时禁食兔肉，以免孩子出生时豁嘴。另外还有赠兔画的育儿风俗。画中有6个小孩围着一张桌子，桌上站一手持兔子吉祥图的人，祝受赠的孩子将来生活安宁，步步高升。

古代汉族有"挂兔头"的岁时习俗，流行于全国许多地区。每年农历正月初一，人们用面兔头或面蛇，以竹筒盛雪水，与年幡面具同挂门额上，以示镇邪禳灾。

红 狼

红狼是一种生活于北美洲的犬科动物，主要活动于美国得克萨斯州中部、宾夕法尼亚州至佛罗里达州。

红狼的体长100～130厘米，尾长30～42厘米，肩高66～79厘米，体重18～41千克。红狼的外形和猎狗相似，身体健壮，较长的腿决定了它们是长跑能手，一口气可以跑50多千米，速度极快，加上它们善于群伙围追，使得像鹿之类的跑得很快的动物，终究也会成为它们口中猎物。

红狼身上毛短。体上部毛呈浅黄肉桂色或黄褐色，杂有黑色和灰色毛，体下部毛为白色至粉红或浅黄色，鼻吻部、耳和四肢外侧毛呈黄褐色。它们的耳朵长，尾尖黑色。

红狼生活在高地和低地森林、沼泽地带和沿海草原地带。产仔和抚育幼仔时，它们多选择树洞、溪岸、沙丘筑巢，巢多利用其他动物的旧巢或自己挖巢，巢穴长2.4米，深1米。

红狼主要在夜间活动，冬季白天也活动。红狼的嗅觉非常灵敏，性情机警，多疑而残忍，让它们上当很难，它们总能躲过猎人设下的陷阱。红狼合群生活，每群都有自己的领域。它们经常合作围捕猎物，捕食海狸、麝鼠、鹿、野猪及其他啮齿类和兔子，也食动物尸体。每年的1～3月份是红狼的交配季节，妊娠期60～63天，每窝产4～7只幼仔，最多达12只。自然条件下，只有少数红狼能生存4年，饲养条件下，寿命可以达14年。

人们认为红狼伤害家畜，也攻击人，对它们"格杀勿论"，毒饵、陷阱都是猎捕它们常用的方法；栖息地的破坏、缩小使它们的生存受到威胁；和其他狼种、山狗的杂交使纯种的红狼数量下降。目前数量仅剩46~60只。

知识点

河　狸

河狸是啮齿目中最大的中型水陆两栖兽类。世界上的河狸有美洲河狸、欧亚河狸和指名亚种和蒙古亚种。中国新疆和蒙古国的河狸属于欧亚河狸中的蒙古亚种，分布窄，数量少，在中国仅分布于乌伦古河及其上游的青格里河、布尔根河、查干郭勒河两岸，尤以布尔根河最为集中，植被也是整个流域最好的。因此，国家于1981年在布尔根河流域建立了中国唯一的河狸自然保护区。属于国家一级保护动物。

▶▶▶ 延伸阅读

红狼种群现状

1900年和1920年之间，红狼被人类猎杀的范围最大，人们使用下毒、狩猎和捕杀的手段，给美洲东部红狼的数量造成毁灭性打击。到1980年，曾经占据几乎所有的美国东南部的红狼被宣布在野外绝迹。

在20世纪70年代末，有14头红狼在野外被发现，因为纯种基因保护而被圈养繁殖。自1987年以来，已经有数百头红狼重新放归大自然中。然而，它们仍然被一些人看作是不需要的入侵者而遭追捕。

由于红狼被放到野外和人工繁殖，出现了数量上升的良好趋势。随着有关保护组织对红狼保护的教育宣传，并增加拨款，红狼有望在野外继续孕育和生存，再次成为在北美东海岸的蓬勃发展的动物。

截至2002年9月，大约有175头红狼在美国和加拿大的33个设施点圈养。该圈养种群的目的是为了保障该物种的遗传完整性，并为重新引进动物。

小熊猫

小熊猫又叫小猫熊,它跟大熊猫名字相似,可不是同一科动物。大熊猫是单独的大熊猫科,而小熊猫是浣熊科的动物,生活习性和浣熊相似。

小熊猫个儿比大熊猫小得多,长60厘米左右,又粗又长的大尾巴有40多厘米长。圆头宽脸,长着一对白毛的大耳朵,耳内黑褐色,细眼睛,眼睛上面各有一块白斑,远看好像多了两只眼睛。逗人发笑的白花脸上长着一个短鼻子,鼻尖上的皮肤有不少颗粒状的东西,四周也长着乳白色的毛;上下嘴唇都长有白色的胡须。它的脸孔有点儿像猫,爪子有半收缩性,足底生毛,也像猫,身子和粗壮的四肢像熊,因此得名。

小熊猫上身披着棕红色的短毛,下身覆盖黑褐色的细毛,像狼一样的尾巴上镶着9个黄白相间的环节,又叫"九节狼"。

小熊猫也是世界珍贵动物。它们分布范围很小,繁殖数量也少,除了我国四川、云南和青藏高原等地区以外,只有缅甸、尼泊尔和印度阿萨密等狭窄地区才有少数分布。

小熊猫世世代代栖居在两三千米的山区,大熊猫的故乡也常常能见到它们。它们耐寒怕热,喜欢爬树,白天大都在树上休息或睡觉,一条毛茸茸的尾巴从树枝上悬垂下来,不时用前爪擦洗自己的白花脸,或者用舌头不断舔弄自己的细毛。到了晚上,它们就下来四处觅食,植物的根、茎、竹笋、嫩叶和果实是它们的主食,也吃鸟蛋和小鸟。早晨和傍晚时候,活动最频繁。小熊猫是一种孤独性的动物,栖居在崎岖的山林,人迹罕到的地方。夏天大都栖息在溪流河谷盆地有树荫的坡地,冬天转移到有太阳的山坡河谷一边。那里绿树成荫,长满云杉、冷杉、白桦和箭竹林。它们三五成群,栖居在树洞或岩隙、石洞内,从没有发现大群活动过。

风和日丽的天气,小熊猫喜欢在岩石上蹲着晒太阳,悠闲自乐,人们叫它"山门蹲"。

小熊猫十分灵活,遇到敌害,一下子就能爬到很高很细的枝头上去躲避。它们在地面上活动反而显得笨拙,加上性情温和,自卫能力差,容易被捕猎。

春天,是小熊猫的繁殖季节,三五成群,择偶交配,发出"咯——咯"嘶叫声,雄兽在岩石、树桩上留下尿液,作为信号。到了交配时期,亲兽就将

"儿女"驱散,让它们各自择偶组成新家庭。雌小熊猫怀孕2个多月后,在树洞或岩缝中产仔,每胎两三只。刚产下的幼仔只有6厘米长,身披乳白色毛,重约100克,眼睛睁不开。7天后,白毛慢慢变为深灰色,以后逐渐变成"父母"一个颜色了。小熊猫20多天后才睁开眼睛,在妈妈身边过上1年后,才开始独立生活。

小熊猫是观赏动物。在动物园里,它伶俐温驯,活泼可爱,但人工不易繁殖。毛皮美丽柔软,在自然界中数量稀少,因此更显得珍贵。

浣熊科

浣熊科是食肉目的一科。杂食性动物。形态和结构略似于熊科,但体型要小很多,并有较长的尾巴,树栖性比熊科更强。浣熊科动物除小熊猫分布于亚洲外,所有种类均限于美洲。

小熊猫的第六趾之谜

小熊猫的爪骨有一部分凸起成趾状,可作为第六个脚趾辅助抓握东西,法国和西班牙科学家最近的研究发现,这个第六趾在进化史上曾帮助小熊猫的祖先"安身立命"。

小熊猫这一物种已生存了900多万年,它的祖先被称为古小熊猫。对于小熊猫的第六趾,曾有人认为用处相对不大。法国国家科研中心发布公报说,该研究中心的人类考古及地理生物学实验室专家与西班牙同行合作研究后认为,通过研究古小熊猫的化石,科学家发现它们是肉食动物,这与现在小熊猫主要吃植物的食性不同,因此古小熊猫第六趾的功能,不会像现在一样仅用来辅助脚爪抓住竹子等食物。

科学家认为,古小熊猫的第六趾是用来攀爬树木的有效工具。他们分析说，首先化石表明古小熊猫的身体结构特别适合爬树；其次古小熊猫生存在众多猛兽出没的年代，因此那个帮助爬树的第六趾对于古小熊猫来说就显得非常重要。例如在西班牙新出土的许多古小熊猫化石，就支持了法国和西班牙科学家这种假设。

几百万年后，自然环境和小熊猫的生活方式都发生了改变，第六趾的功能已不再重要，它目前的用途只是帮助脚爪抓握食物。

海 獭

海獭是海栖食鱼兽，与水獭是近亲。分布于白令海峡至加利福尼亚沿岸。

食肉目动物中，长期栖居海洋中的只有海獭和白熊。而海獭的游泳本领更超过白熊。海獭95％的时间在海中活动，它的水性已不亚于鳍足目海兽了。

海獭在外型上与水獭相似，只是体型要比水獭大得多。它的体长约有100～120厘米，尾长约30厘米，体重达20千克。整个身体粗厚似圆筒形，尾短。后足特别发达，又短又宽，趾间有蹼，有点像海豹的后鳍足。耳相当发达，但没有耳屏和对耳屏，耳朵位置特别低，耳基几乎位于嘴角水平。吻部短钝，触须发达，呈白色。体毛深褐色，头部浅褐色。

海獭一般在浅水里觅食，以海胆、海蛤为主食，也吃石鳖、鲍鱼、乌贼等。它有一种奇特的技艺，每当潜入水底，捞到几枚海蛤就塞进自己的肚皮褶里，再拾一块石头，浮上水面，仰面浮着不动，把石块放在腹部，然后用前足持海蛤不停地用力敲打石块，直到敲破蛤壳再吃下去。

海 獭

海獭不像其他海兽依靠厚脂肪层御寒保暖，它的皮下几乎没有脂肪层。海獭生活在北太平洋冰冷的海水里，全靠一身极好的毛皮御寒。它的毛皮不仅极其致密保温，而且还能把空气吸进毛里，形成一个保护层，使冷水不能接近皮肤，寒气也就不能侵入。在所有的兽类毛皮中，海獭皮可能是最贵重的一种，一件海獭皮大衣要值数万美元。

海獭由于毛皮十分贵重，曾遭到疯狂捕杀，现已被禁止，到20世纪20年代，太平洋各岛的海獭已经所剩无几。后因各国的保护，数量有所回升，但仍具有濒临灭绝的危险。

海 兽

海兽又叫海洋哺乳动物，主要包括哺乳纲中鲸目、鳍脚目、海牛目以及食肉目的海獭等种类，是重要的水产经济动物。

对海兽的猎捕历史悠久，其中以捕鲸起源最早（公元9世纪以前）、规模最大。对鳍脚类的大规模猎捕始于18世纪的北半球。1786～1835年俄国在北太平洋猎捕了约200万头海狗；1867年美国大量猎捕北太平洋的海狗、海豹、毛皮海狮等，使资源遭到破坏。在南半球，英国和美国等从18世纪下半叶开始，先后在马尔维纳斯群岛、南非西海岸、智利沿岸、南设得兰群岛等地大量猎捕毛皮海狮。南设得兰群岛18世纪时还建有象海豹炼油业，至1878年该岛附近的象海豹已被捕绝。白令海的海象由于各国竞捕，资源量也急剧减少。但南极水域有些鳍脚类目前尚未广泛开发。

延伸阅读

海獭的生态价值

海獭是"海底森林保护者"，海獭死亡率的上升将会对海洋生态系统造成很大的影响。这是因为海獭是海洋生物链中的关键一环。"当海獭存在时，海洋生态系统看起来是一个样子；当它不存在时，海洋生态系统将会完全是另外一个样子。"

加利福尼亚的海洋生态系统以海草林为基础。那儿海草通常是长成茂密的一丛一丛的。"这些海草有的可以长得跟树一样高，它们可以从海底一直长到100英尺（30米）。"生物学家杰姆·恩斯特说。这些海底森林为海洋生物提供了充足的活动空间和食物,很多年幼的鱼就是藏在海草中来躲避凶恶的肉食动物。

当海獭数量减少时,海胆数量将会无限制地增长。这会导致海草这个海洋动物藏身之所的消失,因为海胆喜欢噬咬海草的根,而没有根,海草就会四散开来,并会被水冲走。这样,海胆就破坏了整个海草系统。

獭狸猫

獭狸猫因体形像水獭而得名,产于中南半岛、马来西亚、加里曼丹岛及苏门答腊岛等地。它的体长57~67厘米,尾长13~20.5厘米,体重3~5千克。身上长着又长又粗的灰色针毛,头部及背部的毛霜白色或似淡斑,针毛下面有一细密柔软的底绒,绒毛层近皮肤处呈淡黄色,毛尖黑棕色或近于黑色。身体下侧鲜棕色。

獭狸猫的显著特征之一是头部有两处长触须。它的上唇扩大变厚成"阔嘴",鼻孔开口于鼻面的顶部,里边有瓣膜,能自行关闭,耳孔也能关,趾间有较宽的蹼,以适应水中生活。獭狸猫身上能分泌一种气味。

獭狸猫

獭狸猫栖息于河流和沼泽地,大部分时间生活在水里。因为绒毛细密且柔软,而不易透水。獭狸猫还善于爬树,当受到狗追击时就上树躲避。走路的姿势挺有意思,抬头,弓背,垂尾。它们以甲壳类、软体动物、鱼类、鸟类和小型哺乳动物为食,也吃植物的果实。

獭狸猫每胎生2~3仔。在洞穴产仔。6个月的小獭狸猫便开始独立生活。圈养条件下最长寿命5年。

獭狸猫生存环境的破坏,杀虫剂的使用使它们赖以生存的食物链遭到了破坏,它们面临着生存的威胁。另外,獭狸猫毛皮质量高,可制裘,而遭到人类的捕杀。现濒临灭绝。

水 獭

水獭是半水栖兽类，喜欢栖息在湖泊、河湾、沼泽等淡水区。水獭流线型的身体，长约60~80厘米，体重可达5千克。头部宽而略扁，吻短，下颚中央有数根短而硬的须。眼略突出，耳短小而圆，鼻孔、耳道有防水灌入的瓣膜。尾细长，由基部至末端逐渐变细。四肢短，趾间具蹼。体毛较长而细密，呈棕黑色或咖啡色，具丝绢光泽；底绒丰厚柔软。体背灰褐，胸腹颜色灰褐，喉部、颈下灰白色，毛色还呈季节性变化，夏季稍带红棕色。水獭的洞穴较浅，常位于水岸石缝底下或水边灌木丛中。

皮草与环保

为了抵抗严寒，毛皮是动物身体自然的一部分，如今却成为许多"高级"时尚名人的奢侈品。人们穿戴皮草，并非维持生命所必须，在炫耀财富、奢华与美丽的同时，却促成惨绝人寰的动物杀戮。甚至有皮草代理商在举行时尚派对时，必须将冷气开到极大极强，以鼓励穿戴皮草，严重违反了环保与保育精神。

雪 豹

雪豹是极为珍贵的世界稀有动物，主要产于我国青藏高原和亚洲中部，是世界5种大型猫科动物之一。

雪豹现存数量甚少，濒于灭绝的危境。我国是雪豹的主要产地，分布于内蒙古西部和新疆、青海、西藏高原一带，属于高原珍兽，被列为国家一类保护动物。

雪豹全身灰白色，布有黑斑，头部黑斑小而密，额下、胸、腹部和四肢内侧均为乳白色。体形稍小于金钱豹，高1米左右，身长1.5～2米，体重100多千克。雪豹喜栖息于空旷、多岩石的地方，它在岩洞中筑穴，夜间出来觅食，黄昏和黎明前最为活跃。

雪 豹

雪豹异常凶猛，四肢健壮，动作灵敏，善于跳跃，十几米宽的山涧峡谷可一跃而过，跃高4米左右。它是兽中一霸，其他动物难与匹敌。雪豹主要捕食麂子、岩羊、野兔、野鼠等，有时也到居民区或牧场偷食家畜。

雪豹雌雄差别不大，每年繁殖一次，发情期在3～5月间，每胎产2～3崽。雪豹毛色雅致，细而柔软，是制作高级裘衣的好材料。它又是一种惹人喜爱的观赏动物。

我国重视雪豹的保护和人工饲养繁殖工作，在雪豹主要分布区建立了雪豹自然保护区，对偷猎者，一经发现，即依法严处。我国人工饲养繁殖雪豹已获得成功，其具有重要的科学价值。

知识点

麂

麂，俗称麂子。哺乳纲，偶蹄目，鹿科。成体体重16～25千克，体长75～115厘米。腿细而有力，善于跳跃，皮很软可以制革。中国分布有3种，分别是黑麂、赤麂和小麂，其中以黑麂数量最少，分布区狭窄，已列为国际濒危动物。麂肉细嫩味美，为上等野味，皮为高级制革原料。

延伸阅读

雪豹的人工繁殖

由于雪豹生活于高海拔地区，国际上许多动物园都试图进行饲养繁殖，但成功例子不多。1983年7月，位于青藏高原东北边缘的青海省西宁市人民公园，利用其独特的地理优势，通过几年的努力，解决了人工饲养条件下雪豹的繁殖问题。但至今未形成饲养繁殖种群。由于雪豹很难适应低海拔地区的湿度、温度、气压和日照变化，所以在世界各地动物园中，能繁殖雪豹的数量很少。北京动物园1955年开始饲养展出，1995年繁殖雪豹成功。

山 貘

貘是奇蹄目貘科的动物。它们的头部似猪，但个儿比猪大得多，身体肥壮，鼻子与上唇延长，能自由伸缩，可以用来卷摘食物，它的一双小眼睛没有一点神采。貘有4种，即分布于中美洲及南美洲的山貘、中美貘和南美貘，分布于亚洲的马来貘。貘的分布不广，数量也不多，又是古老的物种，因此格外珍贵。

貘是非常胆小、羞怯、和善的动物，为了保存自己的生存权利，从祖宗那里就流传下来了一种潜水的本领，可以在水底步行很久，不用到水面上换气。每当遇到敌害跟踪，它们就利用适于在丛林里穿行的体形，拼命钻到矮树丛中，把敌人甩掉，还可采用游泳和潜水的一技之长，迅速潜入水中或河底，让那些凶恶的追捕者，甚至狡猾、凶残、水陆空（爬树）全能的美洲虎也没有办法。它还会把鼻子贴地，凭借发达的思维和嗅觉来判断敌人的踪迹。它们有在泥潭里打滚的习惯，因为它们的尾巴短，不能摇摆，因此就用身上的泥巴防止蚊虫的叮咬。貘多数单独生活，昼伏夜出。以多汁植物的茎、叶和瓜果为食。

山貘，产于哥伦比亚、厄瓜多尔与秘鲁的安第斯山脉，是貘中最小和最美的一种。体长约180厘米，肩高75～80厘米，体重225～250千克。体毛红棕色，领部及耳缘白色，与其他种貘相比，毛稍长，柔软而且是卷曲的羊毛状，

山　貘

腹部的毛更细软。

山貘生活在海拔1 400～4 700米的山区矮林及茂密的灌丛中，有时也在常年积雪的海拔4 700米高处活动。主食是比较嫩的枝叶，大部分是蕨类植物及当地的竹类等优势种植物。有舔食盐类和矿物的习性。山貘性情孤独，除交配期和貘妈妈照料它们的子女外，平时多于早晚单独活动。

山貘全年繁殖，妊娠期390～400天。每胎一仔，偶尔两仔。幼仔体是暗红棕色，有黄色或白色条纹和斑点，至6月龄时花纹消失。在饲养条件下，寿命为30年。

人类的猎杀使山貘的数量减少。山貘已在南美洲许多地区消失。据20世纪60年代调查，在哥伦比亚已非常稀少；在厄瓜多尔，估计可能还有数百头至上千头；在秘鲁，不超过200头。

知识点

妊娠期

妊娠期也叫怀孕期，生理学名词。是胚胎和胎儿在母体内发育成熟的过程。从妇女卵子受精开始至胎儿及其附属物自母体排出之间的一段时间。为了便于计算，妊娠通常从末次月经的第一天算起，约为280天（40周）。由于卵子受精日期很难绝对准确，实际分娩日期与推算的预产期可以相差1～2周，临床上将妊娠37～42周之间，均列为足月妊娠。

延伸阅读

山貘传说

在日本传说里,"貘"是一种会食人恶梦的神兽。它被描述为在每一个天空被洒满朦胧月色的夜晚,它从幽深的森林里启程,来到人们居住的地方,吸食人们的梦。它不会害怕在吃梦的时候吵醒熟睡着的人们,因为它生性胆怯,在夜色中,只会发出轻轻的像是摇篮曲一样的叫声。于是人们在这样的声音相伴下越睡越沉,貘便把人们的梦慢慢地,一个接着一个地收入囊中。貘在吃完人们的梦之后,便又悄悄地返回到丛林中,继续它神秘的生活。

犀

苏门犀

苏门犀又叫苏门答腊犀、亚洲双角犀。原来在印度、东南亚、印度尼西亚、加里曼丹岛都有分布,但目前仅剩苏门答腊、马来西亚、缅甸和泰国有少量残存,大约有几百只。

苏门犀是5种犀中体型最小的一种,而且也是唯一身上长有长毛的犀。它的体长一般2.5~2.8米,肩高1.1~1.5米,体重将近1吨。苏门答腊犀也是亚洲三种犀中唯一长有双角的犀,所以很容易和另外两种犀区分。

苏门犀在很早以前喜欢生活在开阔的地区,由于长时间受人类的侵扰,它们逐渐转移到茂密的丛林中生活,可以说是被人类改变了习性。它们生活的丛林一般水源丰富,因为它们必须每天定时饮水。清晨和傍晚出来觅食,主要以

苏门犀

树叶、细树枝、竹笋为食，偶尔也吃一些野果。它们虽相貌丑陋，却性情胆小。一般不主动攻击其他动物。不过在它们受伤或陷入困境无路可退时却异常凶猛、往往会盲目地乱冲乱撞。它们的嗅觉和听觉灵敏，但视觉较差，头脑反应也很迟钝。它们有固定的排便地方，积攒成堆，还经常用角在粪堆周围掘出沟，以防雨水冲刷。这些粪便实际上是它们用来划分生活区域的，所以十分珍惜。

苏门犀孕期为210～240天，每胎产1仔。幼仔一直跟随母亲生活到下一只幼仔的出生，母犀每隔数年才产1仔，繁殖率很低。

黑 犀

黑犀又叫尖吻犀，产于非洲东部和南部的小范围地区。

黑犀体长3～3.7米，肩高1.2～1.8米，重达1～1.5吨。黑犀的体色其实是灰色的，由于其经常在泥土中打滚而成黑色，它的皮厚无毛，常用稀泥保护身体以防昆虫叮咬。其听觉和嗅觉灵敏，但视力差。在鼻骨的一个突起上长两只角，纵向排列，前面的角较长，最长可达1.2米。一个明显的特征是上唇具卷绕性，在取食时能用来剥取枝条上的叶子。它在泥中打滚还有另一个原因是其不能出汗，需用此保持身体凉爽。

黑犀栖息在接近水源的林缘山地地区。雄犀一般独自生活，并有一定势力范围，用尿来标记领域。

黑 犀

黑犀一般以树叶、落地果实和杂草等为食，通常在早晚外出觅食，一天至少要喝一次水。它们白天在树荫下栖息，炎热时就会到泥水中翻滚。黑犀性情暴躁，有时会攻击车辆和行人。它们的奔跑速度可达每小时45千米。雄性虽然独居，但偶然在一个水塘相遇却能相互容忍，有时也会进行驱逐。驱逐方式通常为大声喷鼻和用脚掌拍打地面。雄性之间是很少相互接触的。黑犀全年均可繁殖，孕期为440～470天。

黑犀是地球上的濒危物种之一。1970年，大约有6 5000头黑犀牛在非洲南部游荡，而现在只剩下不到2 500头。

印度犀

印度犀又叫大独角犀。目前仅产于尼泊尔和印度北部，在20世纪初之前中国南方也有印度犀，但由于过度捕杀已经灭绝。

印度犀体长2.1～4.2米，尾长0.6～0.75米，肩高1.1～1.2米，体重3～6吨。印度犀身上有明显的皮褶，皮上还有许多圆钉头状的小鼓包，好像古代人披在身上的厚厚的铠甲。在犀中只有它和爪哇犀是独角。

印度犀喜欢栖息在高草地、芦苇地和沼泽草原地区。印度犀除交配期外也是单独生活，每天在清晨和傍晚出来觅食，白天休息，主要觅食各种草、芦苇及细树枝、树叶等。在印度犀身上常有小鸟站在上面，两者之间非常友善。因为印度犀对小鸟来说可谓是提供食物的场所，小鸟是来啄食寄生虫的。小鸟有时还会起到警戒作用，稍有异常，它会鸣叫着飞离犀牛的身体。

印度犀

印度犀的雌犀3～4岁成熟，雄犀7～9岁成熟，每胎产1仔，在2月底至4月底出生，孕期约为500天。新生幼犀体长1～1.2米、高约0.6米、重65千克。幼犀生长速度非常快，每天可生长3千克以上。幼犀两岁才会断乳、然后随母亲一起觅食。

很早以前人类就开始对印度犀进行捕杀，目前，印度犀可能只有1 000多只，这还是在其被保护多年后有所增加的数量，不然早已灭绝。

爪哇犀

爪哇犀又称小独角犀。它栖息于锡金、印度阿萨姆、孟加拉、缅甸、泰国、中印半岛的其他国家、马来西亚以及印度尼西亚的苏门答腊、爪哇和加里曼丹等地。现仅残存于爪哇岛，数量很少，总数已不足100头。

爪哇犀体型较大独角犀为小，角较短，雌者多无角。皮肤无毛，没有大独角犀那样的瘤状突起，皱襞也没有那样明显。小独角犀的体色为暗灰色。这种暗灰色粗看起来很像青色或苍色。《尔雅·释兽》："咒似牛"。晋郭璞注："一角，青色，……"指的似为小独角犀。

爪哇犀体长250～300厘米，体重可达1400千克。爪哇犀多栖息于森林地带，平时多生活在丘陵地，有时也能发现在较高的山地，它的食物主要是树叶和小枝，也吃一些果实。清晨和傍晚是采食的主要时间。爪哇犀有泥浴的习惯。2～4月是爪哇犀生育高峰，每胎产一崽。幼崽和母亲一起生活两年左右。两次生育间隔最少三年。爪哇犀寿命最长的可达50多年。

由于犀角是名贵重要而且也是很好的雕刻原料，因此爪哇犀被大量偷猎，与此同时，人类的破坏导致爪哇犀栖息地缩小，爪哇犀数量不断减少，现濒临灭绝。

犀角

犀角即犀牛角，为犀科动物印度犀、爪哇犀、苏门犀等的角。性味酸咸，寒。为清热药，清热凉血药。功能清热、凉血、定惊、解毒。

盗猎

犀牛的最大威胁是人类。由于国际市场还是对犀牛角有所需求，盗猎者因此可获得非常高的经济利益。在中国大陆、台湾省、韩国和一些东亚国家，犀牛角被制成传统药材。阿拉伯国家把犀牛角看作社会级别的象征；在也门和阿曼，犀牛角被用来制作仪式上使用的匕首手柄。

在整个80年代，许多盗猎者为了利益不惜任何手段，黑犀牛的数量因此而锐减。从1981到1987年，95%的坦桑尼亚黑犀牛倒在了盗猎者的枪下，数量从3 000头减到100头。由于市场日渐兴旺，犀牛总是会处于盗猎的威胁之下。

野 牛

野牛比饲养的牛大，前额突出，肩部隆起，粗糙的毛在头部显得特别长。公牛和母牛都有又重又弯的双角。成熟的公牛肩高有2米，体重可超过900千克。皮肤黑褐色，不过，偶然也会生下一头白牛。

野牛喜欢群居，通常会在一个地方待上几天。母牛的生殖期长达40年，妊娠期9个月，常在每年的5月份生下一头小牛。尽管身高体壮，野牛行动却非常敏捷，奔跑速度也很快。它们有时会神不知鬼不觉地出现在你的面前，而一有风吹草动就落荒而逃。

欧洲野牛居住在森林中，体型比较大，短而粗顿，通常长达2.9米，高达1.8～1.9米，重800～1 000千克。从16世纪开始，数量就很稀少。1627年，欧洲野牛灭绝。但在20世纪，欧洲科学家利用已被家庭驯养的牛，培育出新的欧洲野牛，与野生欧洲的野牛生物学特征相比，他们都不完全相像。1996年，它被国际自然与自然资源保护联合会列为濒临绝种的动物。

爪哇野牛分布在印度爪哇、婆罗门、苏门答腊，向北至马来半岛、中南半岛和我国南端山区森林之中。它是亚洲野牛中最大的一

野 牛

种。肩高可以达到 1.8 米以上。蓝眼睛，长有弯角，前面有隆起的背脊，脚上的白颜色像是穿着白色的长袜。公牛的皮呈黑褐色或黑色，母牛和小牛呈红褐色。它是典型的热带森林动物，平时独居或 2～3 头同栖，有时雌牛、幼牛和亚成体组成 10 多头的小群一同生活。每年春末夏初产崽，每胎 1 崽；哺乳期约 10 个月。

爪哇野牛的数量已经相当稀少，只有少量幸存，属濒危动物。

生殖期

生殖期（成年期）：到了青春期，随着生理发育的成熟，于是进入人格发展的最后时期——生殖期。在这个时期，个人的兴趣逐渐地从自己的身体刺激的满足转变为异性关系的建立与满足，所以又称两性期。儿童这时已从一个自私的、追求快感的孩子转变成具有对异性爱权力的、社会化的成人。弗洛伊德认为这一时期如果不能顺利发展，儿童就可能产生性犯罪、性倒错，甚至患精神病。

延伸阅读

受伤的野牛（洞穴壁画，长 185 厘米，旧石器时代晚期，西班牙阿尔塔米拉洞穴）这是现已发现的人类最早、最著名的美术作品之一。它是 1879 年由一个名叫蒙特乌拉的西班牙工程师偶然发现的。由于这一壁画中描绘的动物太生动了，以前也从未见过这类壁画，所以，这位工程师将它公诸于世时，西班牙考古界反而说他造假惑众，使他蒙冤 20 多年。西班牙的这个洞穴长约 270 米，壁画集中在入口处长 18 米、宽 9 米的地方。上面画的主要是各种动物，包括 15 头野牛、3 只野猪、3 只鹿、2 匹马和 1 只狼。这里所见的被人称为"受伤的野牛"，位于主洞的顶部。从现在的画迹来看，这些壁画是先勾线后涂色，色彩以赭红与黑色为主，都是天然矿物颜料，可能是用动物的油脂肪和血调合，所用的绘画工具，可能是利用当时的一些动植物和兽毛制成的。这些壁画距今约有二三万年的历史。

水 牛

低地水牛

低地水牛是水牛的缩影，原产于印度尼西亚西里伯斯岛低地森林。低地水牛是水牛中最小的种类之一，体长约180厘米，尾长约40厘米，肩高86厘米左右，体重150～300千克。雌雄都有角，角扁而多皱纹，雄性角长约30厘米，雌性角长25厘米左右。毛稀疏，黑色，但幼体密生棕色绒毛，前肢白色。

低地水牛栖息于沼泽地、森林区，早晨和傍晚采食水生植物，中午在阴凉僻静处休息。单独或成对活动，仅当母牛生产时才成群活动。它们全年都繁殖，每胎一仔，6～9个月断奶。在饲养条件下，寿命可达28年。

低地水牛的皮可制革，具有相当高的经济价值，角可制作工艺品，肉可食用，致使人们持续地狩猎，再加上它们的分布区很有局限和生存环境的改变，数量已十分稀少。

山地水牛

山地水牛主要分布于印度尼西亚苏拉威西群岛。它是水牛中体形最小的种类，体长约150厘米，尾长约24厘米，肩高约70厘米，体重150～300千克。角长15～20厘米，断面圆形，表面光滑，没有棱纹，全身棕黑色。

山地水牛生活在高海拔宁静的山林中，它们的孕期是275～315天，每胎产一头小牛，没有确定的生育季节。除了生育期，平时它们喜欢成对的生活，而不结成大群。

当地人为了获取山地水牛的皮和角，吃它们的肉，用现代化的武器猎捕它们，是致危的最主要的因素；因当地人口的增加而占地，使它们的栖息地越来越少，数量非常稀少。

目前，对它们的生态学特征、行为和普通生物学特性知道得很少。

民都洛水牛

民都洛水牛仅产于菲律宾民都洛岛。它们体形比一般水牛小,肩高100~120厘米。角粗壮,但较短,长35~51厘米。它的毛短而密,全身暗褐色至灰黑色,头部、颈下及四肢有白色斑块。体重达300千克。

民都洛水牛栖息于海岛上海拔1 800米的原始森林中,在森林附近的草地觅食。6~10月份正是雨季,青草旺盛,它们就以青草为食,草长高后,主要以幼笋为食。通常单独或成对活动,很少集成小的家族群。旱季开始时是食物条件最好的季节,它们开始繁殖。妊娠期约10个月。每次只生一头小牛。

由于持续的狩猎和生存环境的改变,民都洛水牛的数量锐减,已成为最濒危的哺乳动物之一。据估计,现仅存175头左右。

民都洛岛

菲律宾吕宋岛西南部岛屿。介于塔布拉斯和民都洛海峡之间。长144千米,宽96千米,面积9826平方千米。人口66.9万(1980),多为他加禄人,南部有少量米沙鄢人。北部是熔岩组成的起伏高原,南部为低丘陵,东、西沿岸是断续的海岸平原,多沼泽。河流多险滩、急流。气候炎热,雨量丰沛,但有旱季。植被以热带季雨林为主。产稻米、椰子、蕉麻、玉米、甘蔗和水果。特产"他马劳"小水牛。伐木及渔业发达。有铜、金等矿。主要港口为曼布劳、卡拉潘等。

水牛趣闻

2009年9月13日,《图读湛江》摄影师通讯员一行30多人走进雷州市采风。在参观丰收农场甘蔗菠萝种苗基地时,有幸观赏到水牛自行上轭的生动一幕。

其时，一老农驾牛车劳作归来。见到大伙，老农将牛脖子上的牛轭卸下，上前攀谈。

水牛听不懂人们的交谈，不停地东张西望。过了一会儿，也许是归家心切吧，水牛想拉车回去了。只见它把头低下，把右边的牛角伸到牛轭右横梁底下，一挑，把平放在地上的牛轭扬起。然后，水牛把头抬高，摇晃几下，牛轭便稳稳地下滑停在脖子上。

套好牛轭，水牛瞧也不瞧一眼那些掏出长枪短炮一通猛拍的摄影师，也不理会直嚷"等等，等等"的主人，自顾回家去了，把惊奇中的摄影师和有些不知所措的主人晾在一旁。

羚

藏　羚

藏羚，别名西藏羚羊，一角兽或独角兽。它的最显著特点是有一对形态特殊的角，雄羊有长角，雌羊无角。角自头部长出后，除稍微向外偏斜外，几乎平行垂直向上，至角尖处两角又相向往内微微弯曲，从侧面远视，似为一角，所以有独角羊的称号。角呈黑色，细长如鞭，它的下半部前缘有横棱十数个，角的最长记载是72.4厘米，但一般很少超过60厘米。

藏羚另一个形态特征，是鼻吻部特殊肿胀，鼻腔宽阔，鼻孔很大，每个鼻孔内还有一个小囊，它的作用是帮助呼吸，以利于在空气稀薄的高原上能快速奔跑。高原上的狼相当多，但藏羚疾奔的时速可达80千米，狼是追不上的。

藏羚体型中等，重27～40千克，体长约为140厘米左右，牡羊肩高可达79厘米以上。尾短小，四肢匀称，强健。蹄略侧扁而尖。背毛浅红棕色或淡棕色，向下逐渐转为白色。

藏羚为青藏高原的特产动物，生活于荒漠草原、高原草原等环境中，尤以水源附近数量较多。据调查，它一般栖居于海拔4 100～5 200米的地区。

藏羚性怯懦，但又好奇，在人迹罕到的地区，它经常先站着瞭望，接着边走边凝视，到危险时才远跑。在经常受到人为干扰的地区，它特别警惕，一有动静，即远离而去。

平时多结小群进行活动。秋季至冬春季节，常有数十只至数百只的一群出

藏 羚

现，一般无固定的栖息地，随季节和食物条件的变化而游荡。

冬末春初是藏羚的配种期，牡羊妊娠6个月后产仔，每产一仔。它的食物主要有刺绿绒蒿和禾本科、莎草科等植物。狼是藏羚的主要天敌。

藏羚主要分布在西藏的藏北高原，包括那曲地区（北部和西北部）和阿里地区以及新疆南部、青海西南部，如阿尔金山、昆仑山、可可西里山等山地，而在雅鲁藏布江以南，未见有分布。在国外，见于印度北部及尼泊尔等地区。

经过漫长的自然演替和发展，该物种种群曾达到相对稳定状态，且数量巨大。但从20世纪80年代末开始，该物种遭受了从未有过的大规模盗猎，种群数量急剧下降。1990年藏羚羊的数量大约为100万只，1995年下降到7.5万只。以往可以发现1.5万只以上的藏羚羊群，现在数量大为减少。藏羚羊1996年被国际自然保护联盟列为易危物种。2000年列为濒危物种。

阿拉伯羚

阿拉伯羚，原产叙利亚、伊拉克、以色列、约旦、西奈半岛和阿拉伯半岛。20世纪初主要产于阿拉伯半岛。它是世界上最稀有的动物之一，重量100～210千克，是一种大型的羚羊类动物。体长约160厘米，尾长约45厘米，肩高81～102厘米。它们的体格健壮，尾巴上长有浓密的毛，脸上和前额有黑斑，眼睛的两边有黑色的条纹，身体和腿上都有黑色的斑块，皮毛白色，尾及四肢褐色或黑色，肋下沿腹侧有深褐色的条纹。雌雄都有角，角细而长，38～68厘米，很尖，表面有明显的棱环。

阿拉伯羚栖息在非洲和阿拉伯的沙漠和干燥的平原地区。以植物的果子、草、小树叶为食。它们的繁殖无季节性，妊娠期9个月，一般每年一胎。随着栖息地无规律的降雨，阿拉伯羚过着游荡的生活，多以10头以上为一群活动。

走投无路的陆地动物

阿拉伯羚

它们最长的寿命是 20 年。

人类为了获得它们的皮肉而野蛮地捕杀它们,这是它们濒临灭绝的重要因素。工业的发展破坏了它们的栖息地,加速了它们的灭绝。

为了防止珍稀的阿拉伯羚与人类永远告别,1962 年起对阿拉伯羚进行了保种饲养。这种做法,其意义无法估量,因为最后一批可怜的野生阿拉伯羚终于没能逃脱于 1972 年灭绝的命运。

现在我们所能见到的就是被人类"抢救"出来的饲养种。1982 年它们又被放归阿拉伯地区,1988 年估计大约有 500 头,却再一次面临着灭绝的危险。

曲角羚

曲角羚是一种角呈螺旋状弯曲的羚牛,因此得名。曲角羚分布在沙漠和半沙漠的地区,从西撒哈拉和毛里塔尼亚到埃及和苏丹都有它们的踪迹。

曲角羚的体长 150～170 厘米,尾长 25～85 厘米,肩高 95～115 厘米,体重 81～125 千克。身体及颈部冬毛灰褐色,夏毛沙色至近乎白色。腿、臀、腹部、耳及脸部都有白色横斑。额部有明显的黑色簇毛。雌雄都有细长的角,曲线长度 76～109 厘米,棱环清晰。蹄宽,呈八字形,适于在沙漠上行走。

曲角羚栖息于缺水的沙漠和半荒漠地区。它从不饮水,靠植物中所含的水分和露水维持自身的水分平衡。通常 5～20 头集成群体,也见有 200 头的大群,以一头健壮的雄羚为首。主要在夜间、清晨及傍晚活动。

曲角羚

冬季或早春产仔，每胎一仔。妊娠期 257~264 天。在饲养条件下，寿命为 25 年左右。

为了获取肉及皮革，当地居民用现代化武器猎杀，这是致危的主要原因。曲角羚笨重，奔跑不快，很容易被捕杀。农业用地的扩大使它们生存受到影响，也是一个致危的因素。实际数量不详，但不太可能超过 500 只。

大鼻羚

大鼻羚主要分布在乌克兰西部至蒙古西部及我国新疆北部的无树草原地带。大鼻羚体长 108~146 厘米，尾长 7~10 厘米，肩高 60~80 厘米，雄羚体重 32~51 千克，雌羚体重 21~41 千克。冬天大鼻羚的毛十分厚密，呈羊毛状，灰白色。从颌部至胸部有一行长的垂毛。夏天大鼻羚的毛背部及体侧黄棕色，鼻和两颊深灰色，头顶灰白色，腹部、臀斑和尾下面白色。雄性有角，角长 20~25 厘米，呈半透明的蜡色，角环发达，雌性无角。最引人注目的特征是鼻梁隆起，鼻甲部发达，所以得名。鼻端延长，鼻孔向下，鼻孔处长毛，有腺体，多黏液。

大鼻羚栖息于干旱的多石、土质坚硬的平原及半沙漠地区。能疾走，不会跳跃。奔走时，往往低着头。白天活动，夏季在早晨及傍晚觅食，中午休息。吃各种植物，包括对家畜有毒的杂草。干燥季节来临时吃含水分多的植物。在里海东岸，冬季迁至少雪的南部，至四五月，形成 10~2 000 头的群体，又向北迁移。迁至越冬地后，进入发情期，便分散成小群，这时雄羚占有自己的领域。

十二月至次年一月发情。经过 139~152 天的妊娠期，四月末至五月产仔。每胎 1~2 头。初生仔体重平均为 3.5 千克。出生后第二天便能跑，几天后便随群活动。四个月后断奶，1 岁半性成熟。寿命最长为 10~12 年。

大鼻羚的栖息地近年来逐渐被开发成牧场和开垦成农场，使它们的生存受到影响；大鼻羚角是名贵的中药材，因捕猎过度，种群数量明显减少；国家之间的边境阻隔，使每年都要长距离迁移的羚羊迁移受阻；恶劣的自然条件严重地威胁着大鼻羚的生存，大鼻羚曾是西伯利亚草原地区数量很多的哺乳动物，1953—1954 年的冬季，40~60 厘米的积雪和零下 40℃的低温，使伏尔加以西的大鼻羚死亡 40%，经过一个严寒的冬季，每年雄性高鼻羚羊只有 3%~4% 能够幸存。

细角瞪羚

细角瞪羚主要分布在蒙古西部到北非的大西洋海岸，非洲中部和东部的平原、半沙漠地带。它是一种漂亮而具吸引力的动物，它们的眼睛明亮，性情温和但很机敏。细角瞪羚的肩高60～90厘米，皮毛是棕色的，上面有一些不太明显的花纹，腹部和臀部呈白色。很多细角瞪羚身体两侧都有一条水平的黑带。两只眼睛上方各有明亮的条纹和鼻口相连，下面还有一条黑线，前额和条纹之间的脸部肤色比身上黑一些，双角长短中等，上面有许多圆圈。它们的角有的分开，有的像竖琴，有的向后弯，但角尖都有点弯，雌细角瞪羚头上也有角，但与雄性相比显得小巧玲珑。

栖息地的缩小和生存环境恶化是它们致危的主要因素。

狼

狼外形和狼狗相似，但吻略尖长，口稍宽阔，耳竖立不曲。尾挺直状下垂；毛色棕灰。栖息范围广，适应性强，凡山地、林区、草原、荒漠、半沙漠以至冻原均有狼群生存。中国除台湾、海南以外，各省区均产。狼既耐热，又不畏严寒。夜间活动。嗅觉敏锐，听觉良好。性残忍而机警，极善奔跑，常采用穷追方式获得猎物。杂食性，主要以鹿类、羚羊、兔等为食，有时亦吃昆虫、野果或盗食猪、羊等。能耐饥，亦可盛饱。

▶▶ 延伸阅读

沙漠动物

在沙漠中生活的动物。具有自身保持水分，和抵抗高温的能力以及适应沙漠生活的形态特征。例如可利用有机物分解产物的水、减少皮肤呼吸、夜行性、通过发汗和喘气的气化热发散、与沙地相似的体色以及扁平而宽大的脚等。此外，对于饥饿的耐受性要比近缘种大得多，同时大都具有移动能力，这些都与获得密度低且分散分布着的食饵有关联，也是一种适应现象。

为了躲避高温和干旱，大多数沙漠鸟类只在黎明和日落后的几个小时内活动，大多数哺乳动物和爬行动物都在黄昏以后才出来活动，蝙蝠、一些啮齿类动物晚上才出来活动。

长吻针鼹

长吻针鼹是最原始的哺乳动物，它们的进化程度很低，生殖、排尿、排便都通过一个孔进行，因此也叫它单孔动物。它虽然是卵生，但因为它们的宝宝是吃奶长大的，所以把它归为"胎生"的哺乳动物。

成年的长吻针鼹体长36～99厘米，尾长约10厘米，重5～10千克。它们身上长着长长的针毛，针尖为棕黑色，基部为白色。这些长而密的棘刺，遇到敌害会一根根竖立起来，使那些凶猛的食肉类动物不敢对它下口。它们四肢有力，利爪擅长挖掘蚁穴。它们的眼和耳很小，却长了一个又长又细又灵敏的吻，没有牙齿。蚯蚓、蚂蚁、白蚁和各种小虫子都是它们的美食。当吻前端的鼻子闻出食物的味道来时，针鼹立刻用长达20多厘米、充满黏液的舌头舔吸白蚁和蚂蚁，就像吃芝麻似的。当遇到危险的时候，它们还用长长的吻直接挖地洞，很快钻入地下，仅仅把它多刺的背露在外边。

针鼹身上的刺和刺猬身上的刺不一样。针鼹的刺并不是牢牢地长在身上，刺端有倒钩。遇到敌害，针鼹会背朝对方，像刺猬一样，竖起针刺威胁对方或把身体卷成球形，使敌人找不到下口的地方。一旦刺中敌人，那些刺就会脱离身体，凡是被针鼹的刺刺中的敌兽，刺很难拔掉，许多敌兽会因为伤处感染而死。

长吻针鼹

雌针鼹在繁殖季节开始时，在它腹部迅速长出一个月牙型的育儿袋。然后将产的一枚坚硬的蛋放进袋囊里，大约10天以后，蛋孵化出一只小针鼹，刚孵化出来的小针鼹双眼紧闭，全身没毛，身长13毫米左右，还没有一个葡萄干大，它们舐吸雌针鼹毛上从乳腺流出的乳汁。小针鼹生长得很快，7周后，长出坚硬的针毛，体长9～10厘米，雌针鼹就把幼仔从育儿袋中掏出，藏在很简陋的窝里，育儿袋也随着断奶而自然消失。

在圈养的条件下针鼹的最长寿命达50年，在哺乳动物中寿命算是较长的。主要分布在澳大利亚、新几内亚。

历史上长吻针鼹数量下降的主要原因是人类的传统狩猎造成的，有射中针鼹获取很高奖励的游戏，所以针鼹的数量急剧减少；而伐木、采矿使森林的面积缩小，也使针鼹的栖息地越来越小，这是针鼹致危的重要因素。

单孔目

单孔目是哺乳纲动物中原兽亚纲的仅有的一目。有2科3属3种，只分布在大洋洲地区，主要在澳大利亚东部及塔斯马尼亚岛以及新几内亚岛生活。历史上曾存在另外两个科，但都已灭绝。

长吻针鼹现状

2010年11月19日伦敦动物学会公布的"2010年具有独特进化意义的全球濒危（简称EDGE）物种名单"长吻针鼹问鼎。东部长嘴针鼹是一种难以捕获的动物，以产卵这种方式繁育下一代。它们是地球上最罕见并且在遗传上最为独特的哺乳动物之一。问鼎2010年全球濒危物种排行榜的3种长嘴针鼹，除东部长嘴针鼹外的另外两种分别是西部长嘴针鼹和艾丁保罗夫的长嘴针鼹。所有3种长嘴针鼹均被国际自然保护联合会（IUCN）列为极度濒危物种。

海地沟齿鼩

海地沟齿鼩，长着尖尖的嘴和长而无毛的尾，看起来像是家鼠，其实它的亲属都是吃虫子的跳鼠和鼹鼠，而不是吃杂食的家鼠。这是一种十分稀有的动物，仅仅生活在西印度群岛几个偏僻的地方。它们的个头不大，重量约1千克，长大的海地沟齿鼩约28厘米，无毛的尾巴几乎和身体一样长，它的眼睛小，耳朵圆，爪子强健而尖锐。

海地沟齿鼩栖息于森林、灌木丛和种植园周围，以土壤中的昆虫、蜘蛛和蠕虫为食，植物叶子也是它们的主要食物。寻找土壤中的食物时，用强健而尖锐的爪挖洞。海地沟齿鼩活动时，会不断地从喉咙里发出咔嗒声。这是利用回声帮助寻找方向。觅食时，它们先用锐利的爪子挖洞，找出昆虫、蠕虫、蜘蛛，嘴里的腺体产生的致命的毒液，一口毒死猎物，然后美餐一顿。

海地沟齿鼩

它们主要在夜间出来活动，白天大部分时间藏身在大石头的裂缝中、树洞中或自己挖的洞穴中。除母兽带着幼仔外，成年的海地沟齿鼩都是单独生活。以夜行性生活为主的陆地食虫动物，除嗅觉和听觉很重要外，触觉也是非常重要的，海地沟齿朗的触觉就非常发达。

海地沟齿鼩每胎生1~3个幼仔，幼仔出生在挖好的巢里，幼仔要和母兽生活几个月，这在食虫动物中是特别常见的。圈养情况下海地沟齿鼩可以存活10年。

海地沟齿鼩主要分布在加勒比海地区的古巴、海地。它们最大的威胁是它们生存的森林不断地丧失，其次是周围移民者引入的猫和狗对它们的生存造成威胁。据1977年统计不足100只。目前属于濒危物种。

知识点

鼹鼠

鼹鼠，一种哺乳动物。体矮胖，长10余厘米，毛黑褐色，嘴尖。前肢发达，脚掌向外翻，有利爪，适于掘土；后肢细小。眼小，隐藏在毛中。白天住在土穴中，夜晚出来捕食昆虫，也吃农作物的根。鼹鼠一词在某些国家中还有"间谍"的意思。有一部电影名字就叫《鼹鼠》。

延伸阅读

威胁沟齿鼩生存的因素

人类到达它们生活的岛屿之前它们没有天敌，因此没有防御措施。但是犬、猫和红颊獴被引入后这些动物成为沟齿鼩巨大的威胁。此外它们的生活环境被改变为农业用地和居住区。

20世纪中期古巴沟齿鼩已经被认为灭绝，但是70年代在海地岛的东部又发现了它们的踪迹，虽然如此，它们的数量已经非常少了。60年代海地沟齿鼩还被看作是比较常见的，但是其数量也已经大量减少。从60年代开始这个种的数量越来越少。

今天尚存的两个种仅在小面积难以到达的地方幸存。国际自然保护联盟把它们列为濒危物种。

亚洲象

亚洲象分布在缅甸、老挝、印度及中国云南。目前在中国野生数量不足200头，已经濒临灭绝。而在过去，亚洲象曾在中国黄河以南大部分地区都有分布。随着生存环境的恶化，亚洲象逐渐南迁，而且数量越来越少。1994年，

亚洲象

在云南西双版纳曾有人一次就打死16头，打伤3头亚洲象，这是中国亚洲象10年的净增数。21世纪初美国出版的《动物世界》杂志公布，亚洲象野生数量只有24 000头左右，急需加大保护力度，否则将会很快灭绝。

亚洲象仅次于非洲象，是陆生第二大动物，体重可超过5吨，体长5.5~6.4米，肩高2.5~3米。亚洲象雌性没有象牙，只有雄性有长长的象牙，它的耳朵比非洲象要小，耳背向上而不是向下，头顶有两突起，分别位于每一只眼的后上方，非洲象只有一个突起。皮肤暗色、有很多褶皱和折痕，并散生一些毛。尽管皮有0.01米厚，但对接触仍很敏感。

亚洲象15~30只成群生活在一起，由一只雌象率领，群中除雌象和未成年的幼象外，只有一只成年雄象。一般成年雄象单独生活。它们清晨、黄昏和夜晚活动，中午休息，没有固定栖所。亚洲象也无固定繁殖季节，孕期600~640天。每胎一仔。幼象出生时体重90千克。

亚洲象迅速减少，人为因素是最主要的，气候环境的变化也是亚洲象减少的一个缘故。象对于保持生态平衡有着至关重要的作用，有50多种植物靠象传播生存，保护象具有深远意义。

动物的繁殖季节

繁殖季节是最适宜野生动物和鸟类进行繁殖的季节，往往有着良好的繁殖条件及充足的食物和水。繁殖季节对于野生动物和鸟类而言，最有可能实现成功繁殖。由于不同的野生动物和鸟类品种对繁殖条件和食物有不同的条件，它们的繁殖季节也不同。

走投无路的陆地动物

延伸阅读

保护亚洲象的意义

为了能更好地理解保护亚洲象的意义，我们有必要了解一下地球上所有生物相互依存和相互制约的关系，也就是所谓的"生物多样性"问题。地球上存在着多种多样生物类型，它们互相依赖又互相制约，使自然生态和食物链保持动态平衡和稳定，各种生物得以在不断变化的环境中生存和发展。由于人类创造能力的提高以及人口的快速增长，人类的行为已经深重的影响了这种平衡和稳定，时常为了短浅的眼前利益或由于无知和不自觉，不但破坏了不同物种的自然秩序，也给人类自己造成了严重的灾难或隐患。现在人们已经开始认识到生物多样性在人类可持续发展中的重要性。近年世界各国已经普遍开始重视生物多样性的问题。无论是联合国还是世界各国政府每年都投入大量的人力和资金开展生物多样性的研究与保护工作。

三趾树懒

三趾树懒是当今动物界中走得最慢的哺乳动物，主要分布于委内瑞拉、圭亚那及巴西北部。

三趾树懒平均每分钟移动2.7米。树懒喜欢隐居树梢密叶之中，常常数小时不移动，故难被发现。树懒每天睡眠15小时以上。因为不爱活动，环境又潮湿，身上竟然长了一层绿色的藻类，远看和树皮差不多，倒成为一种保护色，但也因此招来一些虱子、甲虫和蛾子的幼虫。因为它懒得出奇，加上它的前后肢都是三趾，所以称它们"三趾树懒"。

三趾树懒体长50~60厘米，尾长6~7厘米，体重4~5千克。身上针毛长而粗糙，长5~6厘米，绒毛密而有弹性。身上本来是灰棕色，喉部灰白色，但因栖息地潮湿，针毛上长满藻类，致使毛呈绿色。头小而圆，鼻吻部短，眼及耳都小。前肢明显长于后肢，趾有倒钩状的爪。其毛生长的方向与其他哺乳动物不同，四肢及全身的毛都逆向背面。

三趾树懒栖息于热带森林中，它们的生活形态非常奇特。从出生就依靠四

三趾树懒

肢将身体悬挂在树上，几乎终生在树上生活，休息、行动、吃东西，甚至连睡觉都是倒悬于树枝上或坐在树杈间。在地面不能站立和行走，但能游泳。在树上活动也很缓慢，以嫩枝、幼叶及芽为食。奇怪的是一些使动物致死的毒药，它吃了却平安无事。视觉和听觉差，主要靠嗅觉和触觉觅食。三趾树懒从树叶中获得水分，所以它们一生多不喝水。因为它们体力消耗特别少，如果没有食物，一个月不吃东西，也饿不死。

三趾树懒全年繁殖。妊娠期约180天。每胎一仔。产仔时也不筑巢，在树上产仔。哺乳期约1个月。幼仔随母兽生活半年后独立谋生。

三趾树懒对环境和食物的要求太高，温度低于27℃或高于36℃都会置它于死地，它们仅吃几种桑科植物的叶子、嫩芽。也正因为如此，三趾树懒因栖息地被破坏而处于濒危状态。

知识点

虱子

虱子是一种寄生在动物身上靠吸血维生的寄生虫，人接触动物多了，就有机会生虱子，多注意个人卫生，用硫磺皂多洗几次就可以了，用过的衣物最好用开水煮一下，以杀死虱子的卵。虱子的成虫和若虫终生在寄主体上吸血。

延伸阅读

三指树懒与二指树懒的区别

三趾树懒前后肢均三趾，二趾树懒后肢三趾而前肢二趾。二者颈椎数目也不相同，其中三趾树懒颈椎9枚，是哺乳动物种最多的，而二趾树懒则和多数哺乳动物一样是7枚。

由于三趾树懒和二趾树懒结构上的区别较大，有人将二者置于不同的科，树懒科只保留三趾树懒，而二趾树懒则和已经灭绝的大懒兽类的大地懒亲缘关系很近，可置于大地懒科，并且三趾树懒可以自成一个三趾树懒总科，而大地懒科与大懒兽科组成另一个大懒兽科总科。

树懒已高度特化成树栖生活，而丧失了地面活动的能力。平时倒挂在树枝上，毛发蓬松而逆向生长，毛上附有藻类而呈绿色，在森林中难以发现。三趾树懒分布较广，北到洪都拉斯，南到阿根廷北部。二趾树懒分布略狭窄，北到尼加拉瓜，南到巴西北部。

树懒的适应范围与同属贫齿目的食蚁兽十分不同，它是严格的树栖者和单纯的植食者。头骨短而高，鼻吻显著缩短，颧弓强但不完全。科颈椎数偏离一般哺乳动物的七椎模式，二趾树懒为6~7个，三趾树懒有9个。这种变化不仅发生在种间，甚至同种不同个体之间的颈椎数也不同。

水生动物的绝唱

相比较陆地生物，水中的珍稀动物更能勾起人们的兴趣，因为它们生长在神秘的水世界，更增加了人类对它们的渴望与探索。

近些年来，人们陆陆续续地了解了许多水生动物，但是这些水生动物正一步步地走向死亡，这不禁叫人心生惋惜。

鳇

鳇，别名鳇鱼、达氏鳇、牛鱼，属鲟形目、鲟科、鲟亚科。

鳇鱼头略呈三角形，吻长而较尖。口下位，宽阔，呈新月形。口的前方有须2对，头部表面被有多数的骨板。眼较小，距吻端较近，左右鳃孔相连，鳃膜向腹面伸展彼此愈合。第一背骨板为体的最高部分，背骨板较大，在体的背部正中，从头后直到尾鳍；左右侧骨板从鳃孔上角直到尾鳍部。尾鳍歪形，肛门在腹鳍基部稍后。

鳇鱼的体表为黑青色，两侧为黄色，腹面呈灰白色，背骨板为黄色，侧骨板为黄褐色。

鳇鱼为江、河中下层生活的鱼类，喜欢生活在砾粒质和沙质的水底，爱分散活动，不喜集群。当江河风大和涨水时非常活跃，退水时活动较差，平时多栖息于两江汇合处，支江入口处或回水中。这些地区，水体较深，食物较多，适于鳇鱼的生活。鳇鱼产于东北等地区，在黑龙江、山东烟台、东海和南海均有过记载。

鳇鱼属国家二级保护野生动物,是黑龙江省特有的保护品种。近年来,由于江河污染和枯水等原因,该鱼种严重衰退,现已被列入《濒危野生动植物国际贸易公约》。

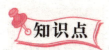

腹　鳍

相当于陆生动物的后肢,具有协助背鳍、臀鳍维持鱼体平衡和辅助鱼体升降拐弯。

腹鳍着生的位置随不同的鱼类而异,软骨鱼类的腹鳍一般位于泄殖腔孔的两侧。形状和胸鳍相似而稍小。硬骨鱼的腹鳍位于躯干腹侧的叫腹鳍腹位。这是一类较原始的种,如鲤鱼、鲑鱼、鲇鱼、鲱鱼等;位于胸鳍前方,在腮盖之后的胸部者叫腹鳍胸位,如鲈鱼、黄鱼和鲷鱼等;位于两腮盖之间的喉部者叫腹鳍喉位,如鳚科和䲢科的鱼类。腹鳍胸位和喉位是鱼类进化后出现的高级特征。这些位置各异的腹鳍,在鱼类演化史上是一重要的标志,在动物分类学上具有极其重要的意义。

鳇鱼的经济价值

鳇鱼肉味鲜美,无刺,为上等水产佳品。其卵经盐渍成为"鳇鱼子",与鲟鱼的鱼子都可制成国际市场上抢手的名菜"黑鱼子酱"。这种鱼子价格昂贵,转售给法国每千克为58美元。据说法国进一步加工后,每千克可售300美元。目前黑龙江省萝北等地已能加工鱼子酱外销。鱼鳍加工后即成名菜原料鱼翅,不亚于传统使用的鲨鱼翅。鳇鱼鳔的内壁很厚,鳔和脊索都可制成鱼胶。鳔还可入药,其成分含骨胶原达80%,加水煮沸则水解成明胶。其味甘、咸,性平,有滋补强壮之功效,用以主治妇女白带过多、恶性肿瘤以及男子肾虚遗精等症。

儒艮

儒艮属于珍稀海洋哺乳动物，草食性，分布于印度洋、太平洋等海域。栖息在热带浅海中。它们以浅海海沟、滩涂中的海藻、水草等为食，喜欢群体活动，无自卫能力。其摄食活动区域随潮汐涨落而移动，涨潮成群来吃草，退潮后离去，留下一条条痕迹，且随退潮离开草地前常排粪便。多单独及2~3头或组成小群活动，常数头在一起；儒艮游泳能力较弱，平均游泳速度每小时3千米左右，但听觉灵敏。

儒艮

儒艮个体大型，成体体长可达3.3米左右，平均成长2.7米，体重400~500千克；中等体长的儒艮体重为250~300千克。体呈纺锤形，身体肥圆，最大体位周长为体长的70%左右，无明显颈部，头部比例小。头的前端如截形，向下方倾斜，吻端突出，口向腹面张开。嘴唇有粗刚毛，吻上及左右侧有浅纵沟。雄性的两个门牙露出外面约30毫米，眼小，无背鳍，鳍肢胸鳍状。雌性的门牙则几乎全隐藏在里面，乳房一对，位于鳍肢下后侧。后肢仅存简单肢带，体末端有扁平的尾鳍，中央凹进，两端尖。成体背部深灰色，腹部稍淡，幼体呈奶油色。全身长有稀而细的短毛，长3~5毫米，吻部的触毛粗硬。

儒艮系胎生，怀孕期11~14个月，每胎一仔，相隔3年怀胎一次，哺乳期1~2年，一般9~10岁性成熟。

由于海洋被污染和人类的捕杀，数量极为稀少，现已濒临灭绝。

知识点

胎 生

动物的受精卵在动物体内的子宫里发育的过程叫胎生。胚胎发育所需要的营养可以从母体获得，直至出生时为止。

胚胎在发育时通过胎盘吸取母体血液中的营养物质和氧，同时把代谢废物送入母体。胎儿在母体子宫内发育完成后直接产出。

延伸阅读

儒艮的保护价值

儒艮与陆地上的亚洲象有着共同的祖先，后来进入海洋，依旧保持食草的习性，已有2 500万年的海洋生存史，是世界上珍贵稀有的海洋哺乳动物，也是我国43种濒临灭绝的脊椎动物之一，对于研究生物进化、动物分类等极具参考价值。著名生物学家、北京大学教授潘文石把儒艮称之为"湿地生物多样性保护中的'旗舰'动物"。他说："对儒艮的保护必将影响到整个生态系统中其他生物的生存及保护，必将影响我们对整个湿地生态系统的保护。"所以说儒艮的保护关乎到湿地环境和整个生态系统的平衡，对于保护生物多样性及开展科学研究有重要的意义。除此之外，儒艮还有着很高的医药价值，儒艮油有温肺散寒、健脾益气的功效。这当然不是鼓励捕杀儒艮，而是希望有一天能够在不伤害它们的前提下为人类治疗疾病。从长远的角度看，儒艮还能够带动旅游业的发展，拉动经济增长，更能为后代留下宝贵的生物资源。

江 豚

江豚是一种小型鲸类，主要分布于西太平洋、印度洋、日本海和我国沿海等热带至暖温带水域。

江豚形似海豚而小，体长140～170厘米，体重为70千克左右。头圆，无

江 豚

喙，体呈纺锤形。鳍肢较宽大，略成三角形；尾鳍宽阔，后缘凹进、呈新月形；无背鳍，仅在背鳍相应处有3～4厘米的皮肤隆起。眼小。体呈铅灰色，腹部较浅。背部棘状小结节区前起鳍肢后基上方位，终止于肛门垂线上方稍后；背部棘状小结节区很宽，纵行多达11～16行。

江豚为热带及温带近岸型豚类，多在近岸活动。咸淡水交汇处的水域、河口，鱼类较多的地方是江豚活动的理想环境，在鱼汛期往往集成大群。它们既能在海水中生活，也能在咸淡水或淡水中生活。江豚食性广，以鱼类及虾类和头足类为食，往往随洄游鱼类而洄游。一般不形成大群，多2～3头的小群活动。一般4龄性成熟，每隔2年产1胎，偶有双胎，初生仔豚体长0.7～0.8米，哺乳期半年以上。母豚对仔豚感情比较强烈，有抚幼行为，在4－5月沿海近岸处，常可见仔豚用鳍肢紧紧趴伏在母豚背部，由母豚驮负着游泳。

江豚是沿海被机动性渔具误捕的主要受害者，常被渔民误捕。由于江豚经济价值高，因此捕杀江豚的数量与日俱增，再加上过度捕捞、航运业、水利设施的建设和水体污染等人类活动仍在加剧，使江豚也面临着与白鳍豚同样的威胁，野外数量急剧下降。

鲸

鲸，世界上最大的哺乳动物，不是鱼；分为须鲸、虎鲸、伪虎鲸、座头鲸等。鲸生活在海洋中。鲸的祖先原先生活在陆地上，因环境变化，后来生活在靠近陆地的浅海里。又经过了很长时间的进化，鲸的前肢和尾巴渐渐成了鳍，后肢完全退化，整个身子成了鱼的样子（所以人们误认其为鱼），适应了海洋的生活。

> 延伸阅读

渔民的"气象预报员"

江豚是我国特有、独立的物种，作为哺乳动物，江豚用肺呼吸，在大风大雨到来之前，因江面起雾气压变低，它们需要频繁地露出水面"透透气"。以前的渔民将江豚视为"河神"，只要江豚出来朝起风的方向"顶风"出水，俗称"拜风"，就意味着有大风暴要到来，这几天渔民是不宜出门捕鱼的。

鲸

鳁鲸

鳁鲸，又名大须鲸、塞鲸、鳕鲸，主要分布于北太平洋、北大西洋和南极水域。中国黄海、东海、南海偶有发现。鳁鲸成体的平均体长为雄性13.6米左右，雌性14.5米左右，成熟个体平均体重20～25吨。背鳍大，向后倾，位于体长的2/3处。鳍肢小，不超过体长的1/10。尾鳍宽大，缺刻深。腹面褶沟有32～60条，终止于鳍肢基部与脐之间。背部与体侧暗灰色，体侧与腹部常有寄生虫附着遗留下来的白斑，鳍肢和尾鳍的腹面为灰色。鲸须每侧300～400片，须板为灰黑色，须毛为白色。

鳁鲸多单独或成对活动，在洄游阶段通常3～5头为一小群，有时形成数十头的群。呼气时喷出的雾柱较稀薄低矮，高达4～5米，大潜水时不露出尾鳍。性成熟体长雄性12.8～13米，雌性13.3～13.6米，繁殖周期2～3年，交配与分娩都有在暖水域进

鳁鲸

行,妊娠11个半月,多于冬季产仔,每产一胎,初生仔鲸体长4.5～4.8米,哺乳期6～7个月,不吃乳时体长8米。食性很广,以甲壳类中磷虾、腕足类,也摄食沙丁鱼、鲱、玉筋鱼、秋刀等小型结群性鱼类和头足类。

由于猎捕过度,鳁鲸数量不断减少,生境恶化,资源量极枯竭。鳁鲸为国家重点的保护水生野生动物,被列入《濒危野生动植物种国际贸易公约》附录一。

蓝 鲸

蓝鲸,又名剃刀鲸,是地球上现代生存动物中最大的动物。雄鲸体长平均为25米;雌性体长27米。一头27.1米的雌鲸体重为136.4吨,一头30米的雌鲸体重为160吨。人类曾经捕到最大的一头蓝鲸,长34米,重170吨。它的肠子总长250米,肺1.5吨,血液9吨。蓝鲸的幼仔有的重达7吨,每天大约喝600升奶。

蓝鲸的背鳍小,靠近尾部,高约33厘米。它的腹面从喉部到胸部有80～100条沿身体方向的褶沟,向后伸过脐部。全身灰蓝色,背部有淡色花纹。

蓝 鲸

蓝鲸觅食时,一般深潜不超过100米,但有些个体可深潜至500米。潜水时间持续10～20分钟,随后是连续8～15次喷气,喷出的水柱高达9.1米。它们以体长不超过5厘米的磷虾为食,每头每天吞食约3 600千克磷虾。一般单独活动,或2～3头集成小群,但也见过60头的群体。夏天它们在两极海洋中度过,冬天则到赤道附近的海洋中生殖。

蓝鲸二或三年繁殖一胎,妊娠期9.6～12个月,每胎一头。初生鲸体长5～7米,体重约2吨。哺乳期约8个月。断奶时体长可达15米。23～30岁性成熟。寿命估计为110年。

蓝鲸的皮可制革,脂肪为制皂工业原料,骨可提取骨油或制成骨粉,肉可供食用或制咸肉粉,内脏是医药工业原料,鲸须可做工艺品。由于经济价值高而遭到人类的滥捕，现已很少。南半球约有 9 000 头，北半球已不足 2 000 头。

座头鲸

座头鲸雄性体长平均 12.5 米，雌性体长平均 13 米，很少超过 15 米。体重平均约 30 吨。背鳍小，高 15~60 厘米。体短而肥。鳍肢特别长，超过体长的 1/3，前缘有不规则的突起。鳍上有 15~20 条沟，每条宽约 15 厘米。口中每侧有须板 340 枚。体背面黑色，腹面白色。尾鳍较宽，呈扇形，后缘具齿状凹缺，背面黑色，下面白色。

座头鲸栖息于赤道无风带至浮冰线之间的海域。主食浮游甲壳类，不吃鱼类。潜水时间 15~20 分钟。有洄游习性。繁殖期单独活动或 2~9 头集成小群，但在索饵区可见有 150 头的大群。

座头鲸繁殖时在北半球，于十月至次年三月发情，产仔在南半球，于四月至九月繁殖。每两年一胎，每胎 1 仔。妊娠期 12~13 个月。初生鲸体长约 400 厘米，体重约 1 350 千克。哺乳期约 11 个月。6~12 岁性成熟。寿命长约 77 年。

鄂霍次克海的座头鲸，每年冬季经萨哈林岛（库页岛）、千岛群岛、日本北海道岛沿本州南下至我国台湾海岸；日本海的种群，则经朝鲜进入我国黄海。

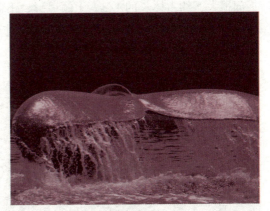

座头鲸

座头鲸的皮可制革，肉、脂肪、骨、肝脏都可做工业原料。因它具有较高的经济价值而遭人类的捕杀，现全球估计只有 5 700~6 800 头。

长须鲸

长须鲸体形之大仅次于世界最大的动物蓝鲸，最长可达 26 余米，但平均约在 20 米以下。体重可达 50~70 吨，体形呈现纺锤形，头的长度不及全身的 1/4，它的喉与胸部有很多须板和褶沟，鲸须短而粗糙；背鳍很小，鳍肢也短小，它和蓝鲸一样体力无比强大，体型又属于流线型，所以游速很快，在较短时间（20~30 分钟）内，时速能超过 20 海里。另外有一种大须鲸，最高速度甚至能达30海里,为许多轮船所不及。它的潜水能力也较强,平时每潜水2~3分钟,就出水换气约5秒钟。但深潜水时,可下沉约200米,时间能持续20~30分钟。

长须鲸幼仔出生时,体长6米多,约8~10年性成熟,最长寿命可达80~100岁。长须鲸的经济价值也很高,出肉量可占体重的1/2,脂肪约占体重的1/4,这种鲸原先数量很大,20世纪50年代时损失较大。现在存在的数量已无法与过去相比,因此要适当捕获,让它有个休栖、繁殖恢复的时期。

北极露脊鲸

北极露脊鲸是须鲸,主要分布在北冰洋近北极的海域。它体长15~18米,最大的体长达19.8米,体重达40~80吨。雄性略小。和其他的鲸比较,它的头部很大,约占体长的1/3。上颌弓形,下颌宽大。躯体粗大,皮下脂肪层厚25~50厘米。须鲸没有背鳍。鳍肢宽大,长约2米;尾鳍大,宽550~790厘米。全身蓝灰色,下颌前端白色。

北极露脊鲸

北极露脊鲸生活在北极冷水海域里,不远离浮冰区;行动缓慢。每两分钟呼吸一次,呼吸4~9次后深潜5~10分钟。平时单独或两三头集成小群,迁移时集成较大的群。它们以甲壳类动物为食。

北极露脊鲸一般在春季和初夏交配和产仔。每2~3年产一胎,每胎1仔。妊娠期12~13个月。初生鲸体长3~5米。哺乳期约6个月。4岁时性发育成熟。寿命约40年。

北极露脊鲸皮可制革,肉可食用,须板可做工艺品,骨、内脏都可做工业原料,因此被人类大量捕获。由于捕猎过度,使它濒临绝灭。现存数量约2 000多头。

黑露脊鲸

黑露脊鲸,在全世界各大洋都有它们的踪影,但它们不进入赤道附近及两极海域。

黑露脊鲸是须鲸,雄鲸体长平均13.7米,体重约40~60吨;雌鲸体长平均14米,体重约47~69吨。体躯肥大,它最显著的特征是头部有角质瘤,最大的瘤位于上颌和下颌前端及外鼻孔后方。没有背鳍。成体呈黑色,腹部脐周围常有不规则的白斑。

黑露脊鲸为洄游性鲸类。它们夏季北上去寻找食物,冬季南下繁殖。游速慢。每分钟呼吸2~3次,喷出的水柱高4~8米。潜水时间10~20分钟。经常是数头集成小群,有时可见到百头的大群。它们的食性狭窄,以甲壳动物为食。咽部狭小,吞不下稍大的鱼类。

黑露脊鲸2~3年繁殖一次。冬季发情,经过12个月的妊娠,当冬季再次到来的时候,鲸宝宝出世了,每胎1仔。鲸宝宝的体长350~550厘米。哺乳期约7个月。

黑露脊鲸的皮可制革,脂肪层厚油质优良,肉供食用,经济价值很高,而它们的行动缓慢,死后浮性较好,因此是热门首选的海洋猎物,几乎处于绝种的状态。据估计现南半球约有3 200头,北太平洋约有220头,北大西洋约有200头。

尾 鳍

各种鳍中尾鳍的作用最大,它既能使身体保持稳定,把握运动方向,又能同尾部一起产生前进的推动力。

尾鳍为鱼类和其他部分脊椎动物正中鳍的一种,位于尾端。在圆口纲等所见的为原始型,脊柱到末端一直是直的,而尾鳍被其分开,成为背腹两侧对称的原始正形尾,在软骨鱼类,脊柱之尾端向背侧屈曲,与此相应,尾鳍之背叶发达,腹叶较小,呈不对称的歪形尾。及至硬骨鱼类,背叶有所变小,腹叶有所变大,在外形上再次成为背腹对称的正形尾。在鳗与肺鱼中所见到的次生的近似原始正形尾的尾称为桥形尾。所有的各种尾形,在发生上都经过原始对称形阶段。鲸的尾鳍仅由水平走向之皮肤皱襞构成。

延伸阅读

鲸进化史

在生物的进化史上，从古代的陆上四足动物到现今的水中哺乳动物，一直缺少了一环。因此，学者们认为，发现的古鲸化石恰恰填补了这一空缺。然而，古鲸为什么要从陆上迁到水中呢？原来，古鲸生殖及哺育后代的活动都是在陆地上进行的，就如现在的海狮、海狗、海豹等动物一样。但是，生物的进化往往受环境变化的影响，大约在5 000万年以前，由于水中的食物和掠食者的比例相对于陆地环境更易于古鲸生存，它们便开始进入靠近岸边的浅海里；大约在距今1 000万年时，古鲸的后代进化得与现代鲸非常相似，它们长着尾巴和短短的脖子，后足也退化为鳍状的附属物，习惯了在海中生活，从此它们就不再上岸来了。

鲥鱼

鲥鱼，又称迟鱼，属辐鳍鱼纲鲱形目、鲱科、鲥属。主要产地在长江流域。

鲥鱼体长为体高的2.9~3.5倍，为头长的3.5~3.9倍。最大体长57厘米，体重5千克。体背青褐色，有蓝色光泽，体侧及腹部银白色，幼鱼期体侧有斑点。各鳍灰黄色，背鳍与尾鳍边缘灰黑色。体长椭圆形，侧扁，腹缘锐。头中等大，头背通常光滑。吻圆钝。口小，端位，口裂稍倾斜。前颌骨中间有显著的缺刻，上颌骨的末端伸达眼中央的后下方，下颌骨末端伸达眼后缘的后下方。口无齿。眼较小，上侧位，脂眼睑发达，仅余瞳孔未被

鲥鱼

包盖。眼间隔窄，中间隆起。鼻孔每侧2个，距吻端较距眼前缘稍近。鳃孔大。假鳃发达。鳃盖膜不与颊部相连。鳃耙细长而密。体被薄圆鳞。无侧线。背鳍与臀鳍有低鳞鞘，胸鳍与腹鳍基具腋鳞，尾鳍基部密被小鳞。背鳍始于体中央稍后的上方。臀鳍距尾鳍基近，其基部约与背鳍基等长。胸鳍后伸不达腹鳍起点。腹鳍起点位于背鳍的下方。尾鳍深叉形。尾柄短，其长约等于其高。肛门在臀鳍起点前方。

鲥鱼为溯河产卵洄游性鱼类，喜在水体中上层活动，一般主要摄食浮游动物，兼食幼小鱼虾。平时栖息于海中，在海洋中生活2~3年后，溯河到淡水中繁殖。生殖群体年龄为3~7龄。春末夏初作溯河生殖洄游，溯河而上产卵，故名之三来鱼。产卵季节鱼群集中，形成捕捞旺季。生殖洄游期间停止摄食或很少摄食，产卵后亲鱼回归大海，幼鱼则进入支流或湖泊中索饵，秋后入海长肥，直至性成熟。

鲥鱼因环境质量下降，拦河筑坝阻隔其洄游通道，过度捕捞亲鱼及索饵育肥的幼鱼，造成补充群体急剧减少，自然资源量大幅降低。属于濒危等级的水生野生物种。

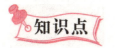

侧 线

是皮肤感觉器官中最高度分化的构造，呈沟状或管状。

侧线是鱼类和水生两栖类所特有的感觉器官。侧线在头部分成若干分支。

眶上管、眶下管、鳃盖舌颌管、横枕管。

鱼体两侧一般各有一条，少数鱼类每侧有2~3条或更多。

侧线管内充满粘液，它的感觉器神经丘即浸润在黏液中。当水流冲击身体，水的压力通过侧线管上的小孔进入管内，传递于黏液，引起黏液流动，并使感觉顶产生摇动，从而把感觉细胞获得的外来刺激通过感觉神经纤维传递到神经中枢。

延伸阅读

鲥鱼文化

广东有句话："春鳊，秋鲤，夏三黎"。三黎即鲥鱼。鲥鱼肉细嫩，脂肪厚，脂肪中有一层不饱和脂肪酸，在蒸熟的时候有一种独特的香味，不饱和脂肪酸还有很高的药用价值，味鲜美，营养丰富，每百克肉含蛋白质16.9克、不饱和脂肪17克，是我国名贵鱼类之首，亦为长江三鲜之首。鲥鱼之说：鲥鱼最为娇嫩，据说捕鱼的人一旦触及鱼的鳞片，就立即不动了。所以，苏东坡称它"惜鳞鱼"。况且鲥鱼不能离开水面，出水即亡，因此运往京师一定要快速行进，以保持其新鲜。著名评话家王少堂在他的《宋江》一书中，对鲥鱼的特性有段描述：鲥鱼生得最娇。它最爱身上的鳞，它一旦离了水，见风见光，随时就死了，活鲥鱼很不易吃到。鲥鱼称为鱼中的贵族，它有一种独特的个性，鲥鱼雍容华贵，典雅清高，世人难得一窥其鲜活美貌，所以它那么受人喜欢。

史氏鲟

史氏鲟，别名七粒浮子、鲟鱼，属鲟形目、鲟科、鲟亚科，为大型名贵鱼类。史氏鲟鱼分布在黑龙江流域、日本海北部及鄂霍次克海，额尔古纳河、嫩江、松花江、乌苏里江均有出产，也有少数进入兴凯湖。

史氏鲟鱼体长，呈梭形，头略呈三角形，头顶部较平，口下位，较小，成一横裂。口唇具褶皱，似花瓣状。口前方具须2对，横行并列，吻下面须的茎部前方中线上有数个突起，故俗名七粒浮子。眼小。体披有5行纵列的骨板，每个骨板上有一根锐利的棘，背骨板的棘较发达。鱼体其他部分的皮肤十分粗糙，且杂有细小骨片。背鳍条位于体后面，胸鳍略成硬刺，尾鳍上叶长而尖。

史氏鲟鱼的背部呈灰褐色，腹部灰白色，它是一种典型的河道鱼类。与鳇鱼一样，栖息在水的中下层。平日多为单独活动，很少集群。在江中春季涨水风浪大时行动更为活跃，平时多栖息于江心和水的回流处。特别喜欢在水色透明，水底为石块、沙砾的水域内生活。它的食物，幼鱼为底栖无脊椎动物，如摇蚊类和毛翅目幼虫以及水蚯蚓之类，成鱼多以鱼类为食。

史氏鲟鱼性成熟期较迟，一般鱼体长108～116厘米，雄鱼一般9～10龄，雌鱼10龄以上。产卵期多在芒种至小暑之间，也有延长至9月初的，卵产在河流本流的小石砂砾间，产卵量10万～43万粒。

史氏鲟属于《国际濒危动植物种贸易公约》保护范围内的二类珍稀动物，也是我国国家二级保护动物。

水蚯蚓

水蚯蚓的样子像蚯蚓幼体。属环节动物中水生寡毛类，体色鲜红或青灰色，细长，一般长4厘米左右，最长可达10厘米。喜暗畏光，雌雄同体，异体受精，人工培养的寿命约3个月。

史氏鲟亲鱼选择

人工繁殖用的亲鱼一般由黑龙江水域采捕自然成熟的个体。选择雌性体重为15千克以上，雄性体重20千克以上，年龄为9～13龄。处于生殖期的雌性个体较消瘦，吻尖，体表黏液多，腹壁薄而软，腹部膨大而富有弹性。雄性个体体色、体形无明显变化，一般体重在20千克以上的个体大多已成熟，用手轻压生殖孔有精液流出。

中华鲟

中华鲟又称鲟鱼、腊子，分布于我国金沙江、长江干流和沿海区域，有时也进入洞庭湖等湖泊。

中华鲟是一种洄游性的鱼类，到了生殖季节，即向长江上游洄游。中华鲟产卵场地在金沙江下游和川江上段，每年9~11月间出现捕捞鲟的渔汛。母鱼产卵后，便离开产卵场地，到长江或到沿海摄食，每年春季，在木洞、宜昌、洞庭湖（岳阳）都能捕到体长10~20厘米的幼鲟。1958年春夏两季，在崇明曾捕到数量很多的体重几两到数斤的小中华鲟，这表明幼鱼是有降河洄游并到沿海去生长的情况。

中华鲟摄取动物性食物，主要食物有摇蚊幼虫、蜻蜓幼虫、蜉蝣幼虫等水生昆虫以及软体动物、虾、蟹和小鱼等。

中华鲟是一种大型经济鱼类。在长江上游每年产量大约为2万~2.5万千克。在宜宾地区每当繁殖季节时可形成一个捕捞鲟的旺季，是当地重要渔业对象之一。

中华鲟是我国特有的大型珍贵鱼类，幼鱼在海中育肥生长，在生殖期时回到长江，溯游到四川金沙江段繁殖。20世纪80年代，葛洲坝水利枢纽的建设阻隔了亲鱼自中下游上溯进行生殖洄游的路线，对中华鲟的资源产生了严重影响。

从20世纪80年代起，从中央到地方政府及科研机构多方努力，通力协作，于1983年11月在葛洲坝进行中华鲟人工催产受精试验，11日和13日各催产一尾中华鲟，共获卵100多万粒，经人工授精和环道孵化，孵出鱼苗近40万尾。这是我国首次在葛洲坝人工催产中华鲟成功。

1998年2月，南方养殖基地配合长江水产研究所在长江宜昌段放流鱼苗2万多条。1999年春，在长江吴淞口被渔民捕捞到一条体长70厘米，重近2000克的中华鲟，脊被上挂着"长江水产研究所"字样及电话号码的银牌。放流单位了解到此条中华鲟比放流时增重22克，已请渔民将它放回长江。这一信息表明，我国的科学工作者经过近20年的努力，为防止中华鲟的灭种恢复中华鲟的资源迈出了可喜的一步。

受　精

受精是卵子和精子融合为一个合子的过程。它是有性生殖的基本特征，普遍存在于动植物界，但人们通常提到最多的是指的动物。动物受精在细胞水平上，受精过程包括卵子激活、调整和两性原核融合3个主要阶段。激活可视为个体发育的起点，主要表现为卵质膜通透性的改变，皮质颗粒外排，受精膜形成等；调整发生在激活之后，是确保受精卵正常分裂所必需的卵内的先行变化；两性原核融合起保证双亲遗传的作用，并恢复双倍体，受精不仅启动DNA的复制，而且激活卵内的mRNA、rRNA等遗传信息，合成出胚胎发育所需要的蛋白质。

中华鲟现状

1988年被列为国家一级保护动物。素有"活化石"之称，具有很高的科研、食用、药用和观赏价值。其鱼皮可制革，鱼卵可制酱，鱼胆可入药，鱼肉、鱼肠、鱼鳔、鱼骨等均是上等佳肴。中华鲟体型修长，略呈梭形。头尖，头顶骨片裸露。口下位，呈一横裂。口前吻腹有2对须。体被5列骨质化硬鳞，背部1列，体侧及腹侧各2裂。尾鳍为歪形尾，上叶长，下叶短。中华鲟主要分布于我国东海和长江中，洞庭湖和湘、资、沅、澧四水都有其分布。每年7~8月，成熟亲鱼从河口溯河上游到长江上游产卵繁殖，仔鱼随波逐流至长江下游和河口滩涂索饵肥育生长，幼鱼移至浅海区生长，直至达性成熟。最大体长3米以上，体重可达500~600千克。20世纪70年代以后，由于拦河筑坝，阻碍了中华鲟的洄游通道，加之水质污染和有害渔具的滥用，现中华鲟自然资源日益减少。

花鳗鲡

花鳗鲡属鳗鲡目、鳗鲡科、鳗鲡属，是鳗鲡类中体型较大的一种。花鳗鲡分布于我国长江下游及以南的钱塘江、灵江、瓯江、闽江、九龙江、台湾到广东、海南岛及广西等江河；国外北达朝鲜南部及日本纪州，西达东非，东达南太平洋的马贵斯群岛，南达澳大利亚南部。

花鳗鲡为大型鱼类，最大个体达2.3米以上，重40~50千克左右。体形似鳗鲡，体长，前部粗圆筒状，尾部侧扁。头圆锥形，较背、臀鳍始点间距短。吻平扁。口角超过眼后缘。下颌稍突出，中央无齿；两颌前端细齿丛状，侧齿成行。唇褶宽厚。鳃孔小。鳞细小，排列呈席纹形鳞群，鳞群互相垂直交叉，隐埋于皮下。侧线完全，侧线孔明显。奇鳍互连；背鳍低而长，始点距鳃孔较距肛门近。背鳍始点与臀鳍始点间距大于头长。胸鳍圆形。无腹鳍。脊椎骨100~110块。体背侧及鳍满布棕褐色斑，体斑间隙及胸鳍边缘黄色。腹侧白或蓝灰色，背鳍和臀鳍后部边缘黑色。

花鳗鲡为典型降河洄游鱼类之一。性情凶猛，体壮而有力。白昼隐伏于洞穴及石隙中，夜间外出活动，捕食鱼、虾、蟹、蛙及其他小动物，也食落入水中的大动物尸体。能到水外湿草地和雨后的竹林及灌木丛内觅食。在河湖内性腺不发育；于成年时冬季降河洄游到江河口附近性腺才开始发育，而后入深海进行繁殖。当10~11月刮西北风时节，即开始往河口移动，入海繁殖。花鳗鲡的产卵场约位于菲律宾南、斯里兰卡东和巴布亚新几内亚之间的深海沟中。生殖后亲鱼死亡，卵在海流中孵化，初孵出的仔鱼为白色薄软的叶状体，叶状体被海流带到陆地沿岸后发生变态，变成短的圆线条状的幼鳗，亦称线鳗，进入淡水中索食生长。

近年来由于工业有毒污水对河流的严重污染和捕捞过度以及毒、炸、电对渔业资源的毁灭性破坏，拦河建坝修水库及水电站等阻断了花鳗鲡的正常洄游通道等原因，致使花鳗鲡的资源量急剧下降，现已难见其踪迹。

背　鳍

　　鱼背部的鳍。沿水生脊椎动物的背中线而生长的正中鳍，为生长在背部的鳍条所支持的构造。

　　背鳍主要对鱼体起平衡的作用，如果剪掉背鳍，鱼就会侧翻，不能直立。但也有些体形长的鱼类，背鳍和臀鳍可以协助身体运动，并推动机体急速前进。如带鱼的背鳍、电鳗的臀鳍、海鳗的背鳍和臀鳍都能推动机体向前运动。又如特殊体形的海马，也是靠细小的背鳍运动来推动机体前进。

水生动物的绝唱

延伸阅读

最凶猛的鱼

噬人鲨是鲨鱼已经灭绝的祖先,它的特征是有结构厚实的牙齿,并长有小锯齿的嚼咬边缘。长大约13米,是地球上最大的食肉动物之一。像刀片般锋利的齿冠为三角形,其侧面或有或无小牙尖,根部厚实,没有供养凹槽。上颚约有24颗齿,下颚约有20颗齿。噬人鲨习性凶猛,在被钓捕或受枪击时,挣扎猛烈,有袭击渔船和噬人的记录。大者长达12米,普通者长6~8米。捕食各种大型动物,也吞食大量小型鱼类和头足类。广泛分布于各热带、亚热带和温带海区,在大洋洲海域最为常见。中国沿海常捕到1米左右的幼鱼。

文昌鱼

文昌鱼是海洋中稀有的原始脊索动物,是介于无脊椎动物和脊椎动物的过渡类型——脊索动物的典型代表。文昌鱼分布在地球热带、亚热带的8~16米的浅水海域中,特别在北纬48°至南纬40°之间的环形地区内较多,我国厦门、青岛、威海和烟台沿海处也很多。其他像地中海、马来西亚、日本、北美洲海洋边岸都有出产,但产量并不多,故视为珍品。

我国广西沿海所产的文昌鱼躯体细长,柳叶形半透明,体长最大者达5厘米,最小者仅有1厘米。鱼体左右扁平,透明。脊索向前伸出至中央神经管之处。无头、无脊椎、无附肢,亦无户弧与腰弧,除脊索外,无任何软骨类骨骼;无耳,亦无成对的眼。心脏仅为能跳动的腹血管。血液无色。

文昌鱼一般分布在潮间带至水深20米的沙底,一般生活在海水透明度高、水质清洁的环境中,生活时呈白色略带粉红,躯体大部分钻入沙中,只有前端口列露出水中以滤食浮游生物。稍遇刺激,即用头和尾钻入5~10厘米深的沙内。退潮后,多潜居于沙墩中,夜间自沙中出来,能做短距离游泳;以硅藻为食。

文昌鱼为雌雄异体,体外受精,繁殖季节为春、夏季,于傍晚产卵受精,至次日晨便孵化为体被纤毛能自由游泳的幼虫,经过3个月长成成体。

文昌鱼

由于无度围垦，滩涂养殖，大量用耙捞螺、贝及环境质量下降等原因，造成文昌鱼栖息地环境恶化，致使文昌鱼死亡和迁移，资源日趋枯竭。据世界自然保护联盟推测，本种群持续衰退至少减少50%以上，主要表现在白氏文昌鱼分布区栖息地和占有面积的严重萎缩。

知识点

体外受精

体外受精是指哺乳动物的精子和卵子在体外人工控制的环境中完成受精过程的技术，英文简称为IVF。由于它与胚胎移植技术（ET）密不可分，又简称为IVF-ET。在生物学中，把体外受精胚胎移植到母体后获得的动物称试管动物。这项技术成功于20世纪50年代，在最近20年发展迅速，现已日趋成熟而成为一项重要而常规的动物繁殖生物技术引。

延伸阅读

文昌鱼的得名由来

文昌鱼得名于厦门翔安区刘五店海屿上的文昌阁。这里是我国最先发现文昌鱼群的地方。

在我国厦门的刘五店鳄鱼岛附近曾流传着一个传说。古代，文昌皇帝君骑着鳄鱼过海时，在鳄鱼口里掉下许多小蛆，当这批小蛆落海之后，竟变成了许多像鱼样的动物，为纪念文昌帝君的缘故取名为"文昌鱼"。嗣后这些动物在那海域繁衍昌盛，当地渔民也以捕文昌鱼为生了。此传说固不可信，但也显示人民对祖国特产的崇爱和纯朴的想象力。

白鳍豚

　　白鳍豚又称白暨豚，属哺乳纲，淡水豚科。它是一种小型齿鲸，体长约250厘米，体重约130千克，体形似纺锤。体背为淡蓝灰色，腹面为白色，背鳍右分岔，吻部狭长，吻基部隆起呈圆形，有一个长圆形的鼻孔生长在头顶偏左侧，嘴长，有圆锥形的牙齿130多枚，密排在上下颌。眼、耳均极小，且均趋于退化，但听觉发达，具有独特的声纳系统，用以识别物体、探取食物、联系同伴以及回避和驱逐敌害，因而亦有"活雷达"之称，在仿生学和军事科学的研究上有重要价值。

　　白鳍豚的大脑很发达，不但脑的面积大，而且分化完整、沟面复杂，与猩猩的大脑重量相近。有的专家认为，白鳍豚是比黑猩猩或长臂猿更为聪明的动物，有一定的记忆和思维能力。白鳍豚属国家一类保护动物，并受到国内外学术界高度重视，有"水中大熊猫"之称。

　　白鳍豚栖息在淡水中，仅见于我国洞庭湖和长江下游。在冬季湖水下降时，可见三五只的小群，偶尔也可见10～15只的大群。它以食小鱼为主，当受到刺激时会发出似水牛鸣叫的呼声。

　　白鳍豚面临的生存环境不断恶化，其命运令人非常不安。1985年中国科学院水生生物研究所在长江干流全面普查白鳍豚资源，共发现48群约300只；而1987～1990年，再次普查时，仅剩不足200只；到1995年再查时，已不到150只。

白鳍豚

据中国科学院水生动物研究所报道，白鳍豚的繁衍能力差，按照鲸类动物的一般概念推算，现存150头白鳍豚中约半数为雄性，而雌性中仅有1/3能怀孕育仔，而水中环境复杂，疾病难防，幼豚容易自然死亡，其成活率仅为30%～50%。这就是说，现有的白鳍豚每年只能有10～15条幼豚补充群体，由此可见，白鳍豚已面临灭绝的危险。

为了挽救这类珍稀水生哺乳动物，我国已在安徽铜陵大通镇夹江兴建起第一个白鳍豚养护场，使其水源与长江融为一体，清洁水质，投以充足的天然饵料，为白鳍豚的繁衍生息创造良好的条件。同时，中国科学院湖北水生物研究所已成功地人工饲养了一只雄性白鳍豚，至今已有多年，正在尝试配种进行繁殖，这是当前世界上唯一人工饲养的活体白鳍豚。

水 牛

水牛，也叫印度水牛，是一种大型偶蹄动物，驯养的水牛在亚洲和美洲非常普遍。在亚洲，水牛主要用来作为劳动力；在欧洲的意大利、罗马尼亚和保加利亚它被用做奶牛或食用牛。今天在印度、尼泊尔、不丹和泰国还有野生水牛，澳大利亚北部也有野生的水牛。在东南亚的野生水牛的来历不是很清楚，它们可能是又变野的驯养的水牛的后代，也可能是本地原来就有的野生水牛的后代，或是两者的交配产物。今天野生的水牛已经相当少了。

延伸阅读

白鳍豚的保护价值

白鳍豚是研究鲸类进化的珍贵"活化石"，它对仿生学、生理学、动物学和军事科学等都有很重要的科学研究价值。

白暨豚属鲸类淡水豚类，国家一级保护动物，为中国特有珍稀水生哺乳动物，有"水中熊猫"之称，已被列入《世界已灭绝生物名录》中，已经被联合国自然基金会及美国探索频道列为2000~2009年，近年十大灭绝物种。

湄公河大鲶

　　湄公河大鲶，又称巨无齿或湄公河巨鲶，是东南亚湄公河特有的一种鲶鱼，主要分布于湄公河的下游，有时也在湄南河出没。

　　湄公河大鲶身体呈灰色至白色，无斑纹，几乎没有触须及牙齿。它们生长速度极快，可以生长达3米。6岁左右就可达150~200千克重。在泰国发现的最大湄公河大鲶，长达2.7米，体重263千克。这是一条雌鱼，于2005年被捕获，被认为是最大的淡水鱼。泰国政府有意将它放生，但它却在饲养条件下容易死亡。

　　湄公河大鲶不带有攻击性及非常强壮，可以在大浪的湄公河生活。它们要到50~70千克才能够繁殖，但不会在湖泊繁殖。

　　由于过度捕鱼、水质污染及上游兴建水坝，使得该物种接近灭绝。世界自然保护联盟将其列为极危。不过它们野外的数量不明，从捕获的数量估计在过去14年间，其数量下降了80%。它们也受到《濒危野生动植物种国际贸易公约》附录一的保护，禁止国际贸易。

知识点

湄公河

　　湄公河，干流全长4 880千米，是亚洲最重要的跨国水系，世界第六大河流；主源为扎曲，发源于中国青海省玉树藏族自治州杂多县。流经中国、老挝、缅甸、泰国、柬埔寨和越南，于越南胡志明市流入南海。流域除中国和缅甸外，均为湄公河委员会成员国。湄公河上游在中国境内，称为澜沧江，下游三角洲在越南境内，因由越南流出南海有9个出海口，故越南称之为九龙江，全长2 139千米。2011年11月，澜沧江船东协会秘书长称，中国将联合老挝、缅甸、泰国，为澜沧江和湄公河上的航运船只进行武装护航。

延伸阅读

最耐寒的北极黑鱼

北极黑鱼又称乌鳢、乌鱼、蛇皮鱼、食人鱼、火头、财鱼等多种名字。黑鱼体圆长，口大牙利，性凶猛，一身黝黑形似蛇皮的图案，身上有黑白相间的花纹，一对突出、发光的小眼，由于各地水色不同，使黑鱼体色稍有差异。黑鱼属肉食性鱼类，小黑鱼食水生浮游动物，稍大即食小鱼、小虾。大黑鱼以食其他鱼类和青蛙为主，有时还食小黑鱼。黑鱼喜栖于水草茂密的泥底或在水面晒太阳，有的黑鱼还经常藏在树根石缝中来偷袭其他鱼类。

大眼卷口鱼

大眼卷口鱼个体小，体长87～208毫米左右，常见个体以100克左右较普遍。多生活于底质为石砾、清澄的水体中。分布区狭窄，仅分布于我国西江水系的左江、邕江及柳江的部分地区。

大眼卷口鱼体背部棕黑色，腹部乳白色。尾鳍基部常具暗色大圆斑。体长形，前部略呈圆筒形，后部侧扁，背部略隆起，腹面较平直。头短，头部顶观略呈方形，故有"四方头"之称。吻圆钝，向前突出，有侧沟通向口角，有角质突起。吻皮向腹面扩展而盖于上颌外表，边缘分裂成10～12条具侧枝的流苏，流苏短小，其长短于眼径，为眼径的0.4～0.8倍。

大眼卷口鱼

口下位，小而略呈方形。上唇消失，上颌呈"八"字形，边缘具角质，在两侧有肉质系带与下唇相连。下颌与下唇分离，下颌呈弧形，边缘具角质；下唇边缘及腹面具许多短须状小乳凸。唇后沟仅限于口角，为纵行的颏沟延伸至眼下。须两对，吻须长于口角须，其长为眼径的0.8～1.0倍，末端至多伸达眼前缘；口角须后伸达眼前缘，其长为眼径的0.7～1.0倍。

眼大，位于头侧上方；眼间宽而圆突。鳞片中等大，胸部鳞片较小，排列不整齐。背、臀鳍基部均具鳞鞘。侧线完全，平直，后延至尾柄之中轴。

背鳍无硬刺，外缘深凹。背鳍起点稍近吻端。胸鳍不达腹鳍。腹鳍起点在背鳍起点之后，后伸末端超过肛门。肛门位置较前，但仍近臀鳍。臀鳍起点距腹鳍较距尾鳍基为近，末端几达尾鳍基。尾鳍有形。

下咽齿外行稍侧扁。鳃耙短小，排列紧密。

该种对栖息地环境有所选择，由于产地环境恶化对其生长繁殖不利，因而补充数量有限。加上该物种本来数量就较少，且多年来屡遭过度捕捞，以致物种濒临灭绝。

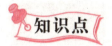

臀　鳍

臀鳍位于鱼体的腹部中线、肛门后方，形态与功能大体上与背鳍相似，基本功能是维持身体平衡，防止倾斜摇摆，还可以协调游泳。多数鱼类具有臀鳍1个，而鳕鱼有2个。有些全部由鳍条组成，有些由鳍条与硬棘组成。盲鳗的臀鳍可与尾鳍和背鳍相连，海鳗、鲆鲽类臀鳍基底很长。

延伸阅读

最懒的鱼

坐享其成的懒汉并非人类的专利。生活在深海中的雄性鮟鱇鱼就是货真价实的鱼类"懒汉"。鮟鱇鱼的雄性不仅在体型上比雌性小得多，而且形象上也差别很大。雄性鱼的脑袋上缺少那根鞭子似的长须，以至于长期以来，科学家们都误将这种鱼的两性分成不同的种。

说雄性鮟鱇鱼是懒汉，是指它们在找到"妻子"以后的表现。其实，成熟的雄鱼在求偶方面一点儿也不懒，为此，它们不惜长途跋涉、苦苦寻觅而从不懈怠。它们甚至像得了厌食症那样不吃不喝，在把皮下脂肪全部耗尽之后，仍未如愿地饮恨而死也在所不辞。鮟鱇鱼要真正成为"懒汉"还得先找到"女朋友"。

由于这种鱼非常稀有，且又异地独居，因此找伴侣实属不易。一旦找到合适的对象，雄鮟鱇就会毫不犹豫地将牙齿咬进雌性身体的柔软部位，依附在妻子身上，合二为一地成为一体，常见的组织排异性面对它们如胶似漆的结合也无济于事。这样一来，雄鱼就成为依附于雌鱼的"懒汉"，其各类器官退化，甚至消化系统等器官完全废弃了，只有它的生殖器官功能依旧如前。其所有维持生存不可或缺的氧气和营养成分，都从雌鱼的血液中获取。这时，这种懒家伙干脆就变成了无需食物的"吸血鬼"。

克氏海马

克氏海马，又名黄金海马，属于大型的海马。克氏海马在我国分布于北起浙江省披山，南至海南省三亚的东海、南海海域，国外分布于朝鲜、日本、菲律宾海域。

克氏海马

克氏海马成体体长30.5~32.5厘米左右。体淡黄色，体侧有白色线状斑点或虫状纹。口小无齿，腹部突出。体侧扁，腹部凸出，尾端卷曲。头上棱及腹部棱较发达，身体其他部位棱棘均短钝，呈瘤状凸起。吻细长，管状。体鳞已变成骨环。胸鳍短宽，侧位，呈扇形。无腹鳍和尾鳍。雄鱼尾部腹面具育儿囊。

克氏海马喜栖于沿海内湾的风平浪静、水质新鲜、藻类植物和浮游生物丰富的海域，平时以能卷曲的尾部缠附在海藻或漂浮物上，游泳时，头部向上直立于水中，完全依靠背鳍和胸鳍来运动。

海马的饵料是小型甲壳动物，特别是虾

类，如糠虾、毛虾、钩虾、跳虾等，进食时管状的吻伸向饵料以后，颊部鼓气，口张开，把食物吸进口内。

繁殖时，雄海马腹部皮肤褶连形成一个孵卵囊，雌海马把卵产在雄体的孵卵囊内。繁殖方式十分独特：雌鱼将卵排入雄海马的育儿囊中，并完成受精。

克氏海马孵卵囊内壁密布着微血管，与胚胎的血管网相连，可为胚胎发育提供部分营养。小海马发育完全后，才离开雄体的孵卵囊。卵子受精后在育儿囊中经8~10天孵出幼鱼。

克氏海马的种群数量原本较多，因栖居环境退化，捕捞过度，资源破坏，致使其种群数量下降。根据世界自然保护联盟估计，克氏海马在过去10年逐年减少，种群数至少减少50%，导致其资源减少的因素可能还未终止，资源减少的趋势将继续下去。

钩　虾

钩虾是端足目钩虾科甲壳动物。为本目约80个科中最大的一科。有时指钩虾属而言。具端足类的基本体型，体两侧扁平，胸部有7对步足（前两对通常较大），腹肢6对，前3对用于游泳，后3对用于在硬物上行动。体长约5~30厘米。近200属，1200种。只见于北半球，多在淡水中，少数在咸淡水和沿海。多栖于水生植物丛中，大部分取食有机碎片。卵和幼体在成体腹面的孵育囊中发育。

▶ 延伸阅读

克氏海马鱼的物种现状

克氏海马鱼的药用价值和装饰价值使其成为人类的猎捕目标，据不完全统计，全世界的海马需求量每年以10%的速度增加。由于过度捕捞等原因，海马鱼野生资源下降很快，克氏海马鱼也因此被列为国家二级保护动物。现在世界上大多采取在海马鱼的繁殖期禁止捕捞,其他季节仅允许捕捞成体的做法,以保证海马鱼的繁衍。我国自20世纪50年代起,就在广东、福建等地开展了大规模的人工饲养繁殖工作,既为国家提供了所需的药源,又有利于保护野生的克氏海马鱼资源,成为一项发展前景十分广阔的经济动物养殖业。

北方蓝鳍金枪鱼

北方蓝鳍金枪鱼,又叫黑鲔鱼、北方蓝鳍吞拿鱼,主要分布于大西洋的西部和东部以及地中海和黑海,在南非有独立的族群。

北方蓝鳍金枪鱼体长约为2米,体重约为400千克,寿命一般可达30年。有记录的最大个体是在加拿大新斯科舍省捕获的,体重679千克。

北方蓝鳍金枪鱼有一个十分有效的循环系统,是血红素浓度最高的鱼类之一,使它们能够有效地输送氧气到了自己的身体组织,以确保摄氧量。另外,为了保持其肌肉温暖(用于提供能量和游泳),北方蓝鳍用热逆流交换系统防止热量流失到水中。在动脉中的热量转移到静脉的血液中。这样可以使核心肌肉保持温暖,使它们能够有效地活动。其可下潜至5000米的深度。

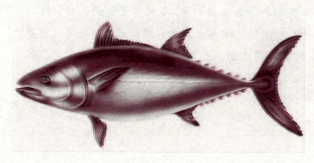

北方蓝鳍金枪鱼

北部蓝鳍金枪鱼通常捕食小鱼和无脊椎动物,如沙丁鱼、鲱鱼、鲭鱼、鱿鱼和甲壳类。

北部蓝鳍金枪鱼的性成熟年龄一般为8~10岁,每条雌鱼可产生4 000万个卵。大西洋北部蓝鳍金枪鱼分为两个系群,产卵场分别在地中海东部和墨西哥湾,产卵期间它们会聚集并可很容易地观测到。

生活在大西洋的蓝鳍金枪鱼种数量自20世纪70年代以来下降了90%。因此,蓝鳍金枪鱼已经被加州蒙特利湾海洋馆的海产监视计划列为"避免食用"。因数量剧减,故在世界自然保护联盟红色名录内列为极危物种,世界野生动物基金会更表示若不改变现时的捕捉速度,地中海的这种鱼将会在2012年绝种。

水生动物的绝唱

鲭　鱼

鲭鱼是一种很常见的可食用鱼类，出没于西太平洋及大西洋的海岸附近，喜群居。在中文语境下要注意区别于中国的四大家鱼之一的青鱼。鲭鱼平均身长 30~50 厘米，寿命最长可至 11 年，它以吞噬浮游生物及鲱鱼、鳕鱼和鲱鱼所产的卵为生。鲭鱼又名青花鱼。

▶ 延伸阅读

北方蓝鳍金枪鱼养殖

北方蓝鳍金枪鱼于 2009 年首次成功繁殖并从幼鱼阶段生长到鱼苗阶段。但以此取代野生蓝鳍金枪鱼供应市场的目标仍然遥远，自然种群的损失，以至崩溃似乎已不可避免。

北方蓝鳍金枪鱼被描绘在 1993 年铸造的克罗地亚 2 库纳硬币的反面。